♕ 단계별·능력별 프로그램식 학습지입니다

유아부터 초등학교 6학년까지 각 단계별로 4~6권씩 총 52권으로 구성되었으며, 처음 시작할 때 나이와 학년에 관계없이 능력별 수준에 맞추어 학습하는 프로그램식 학습지입니다.

♕ 사고력·창의력을 키워 주는 수학 학습지입니다

다양한 사고 단계를 거쳐 문제 해결력을 높여 주며, 개념과 원리를 이해하도록 하여 수학적 사고력을 키워 줍니다. 또 수학적 사고를 바탕으로 스스로 생각하고 깨닫는 창의력을 키워 줍니다.

♕ 유아 과정은 물론 초등학교 수학의 전 영역을 골고루 학습합니다

운필력, 공간 지각력, 수 개념 등 유아 과정부터 시작하여, 초등학교 과정인 수와 연산, 도형 등 수학의 전 영역을 골고루 다루어, 자녀들의 수학적 사고의 폭을 넓히는 데 큰 도움을 줍니다.

♕ 학습 지도 가이드와 다양한 학습 성취도 평가 자료를 수록했습니다

매주, 매달, 매 단계마다 학습 목표에 따른 지도 내용과 지도 요점, 완벽한 해설을 제공하여 학부모님께서 쉽게 지도하실 수 있습니다. 창의력 문제와 수학 경시 대회 예상 문제를 단계별로 수록, 수학 실력을 완성시켜 줍니다.

♕ 과학적 학습 분량으로 공부하는 습관이 몸에 배입니다

하루 10~20분 정도의 과학적 학습량으로 공부에 싫증을 느끼지 않게 하고, 학습에 자신감을 가지도록 하였습니다. 매일 일정 시간 꾸준하게 공부하도록 하면, 시키지 않아도 공부하는 습관이 몸에 배게 됩니다.

「기탄사고력수학」은 체계적이고 장기적인 프로그램으로 꾸준히 학습하면 반드시 성적으로 보답합니다

✿ 스몰 스텝(Small Step)방식으로 꾸준히 학습하면 성적이 올라갑니다

「기탄사고력수학」은 단순히 문제만 나열한 문제집이 아닙니다. 체계적이고 장기적인 학습프로그램을 통해 수학적 사고력과 창의력을 완성시켜 주는 스몰 스텝(Small Step)방식으로 꾸준히 학습하면 반드시 성적이 올라갑니다.

✿ 하루 3장, 10~20분씩 규칙적으로 학습하게 하세요

매일 일정 시간에 일정한 학습량을 꾸준히 재미있게 해야만 학습효과를 높일 수 있습니다. 주별로 분철하기 쉽게 제본되어 있으니, 교재를 구입하시면 먼저 분철하여 일주일 학습 분량만 자녀들에게 나누어 주세요. 그래야만 아이들이 학습 성취감과 자신감을 가질 수 있습니다.

✿ 자녀들의 수준에 알맞은 교재를 선택하세요

〈기탄사고력수학〉은 유아에서 초등학교 6학년까지, 나이와 학년에 관계없이 학습 난이도별로 자신의 능력에 맞는 단계를 선택하여 시작하는 능력별 교재입니다. 그러나 자녀의 수준보다 1~2단계 낮춘 교재부터 시작하면 학습에 더욱 자신감을 갖게 되어 효과적입니다.

교재 구분	교재 구성	대 상
A단계 교재	1, 2, 3, 4집	4세 ~ 5세 아동
B단계 교재	1, 2, 3, 4집	5세 ~ 6세 아동
C단계 교재	1, 2, 3, 4집	6세 ~ 7세 아동
D단계 교재	1, 2, 3, 4집	7세 ~ 초등학교 1학년
E단계 교재	1, 2, 3, 4, 5, 6집	초등학교 1학년
F단계 교재	1, 2, 3, 4, 5, 6집	초등학교 2학년
G단계 교재	1, 2, 3, 4, 5, 6집	초등학교 3학년
H단계 교재	1, 2, 3, 4, 5, 6집	초등학교 4학년
I 단계 교재	1, 2, 3, 4, 5, 6집	초등학교 5학년
J단계 교재	1, 2, 3, 4, 5, 6집	초등학교 6학년

「기탄사고력수학」으로 수학 성적 올리는 일등비법을 공개합니다

※ 문제를 먼저 풀어 주지 마세요

기탄사고력수학은 직관(전체 감지)을 논리(이론과 구체 연결)로 발전시켜 답을 구하도록 구성되었습니다. 쉽게 문제를 풀지 못하더라도 노력하는 과정에서 더 많은 것을 얻을 수 있으니, 약간의 힌트 외에는 자녀가 스스로 끝까지 문제를 풀어 나갈 수 있도록 격려해 주세요.

※ 교재는 이렇게 활용하세요

먼저 자녀들의 능력에 맞는 교재를 선택하세요. 그리고 일주일 분량씩 분철하여 매일 3장씩 풀 수 있도록 해 주세요. 한꺼번에 많은 양의 교재를 주시면 어린이가 부담을 느껴서 학습을 미루거나 포기하기 쉽습니다. 적당한 양을 매일매일 학습하도록 하여 수학 공부하는 재미를 느낄 수 있도록 해 주세요.

※ 교재 학습 과정을 꼭 지켜 주세요

한 주 학습이 끝날 때마다 창의력 문제와 경시 대회 예상 문제를 꼭 풀고 넘어가도록 해 주시고, 한 권(한 달 과정)이 끝나면 성취도 테스트와 종료 테스트를 통해 스스로 실력을 가늠해 볼 수 있도록 도와 주세요. 문제를 다 풀면 반드시 해답지를 이용하여 정확하게 채점해 주시고, 틀린 문제를 체크해 놓았다가 다음에는 확실히 풀 수 있도록 지도해 주세요.

※ 자녀의 학습 관리를 게을리 하지 마세요

수학적 사고는 하루 아침에 생겨나는 것이 아닙니다. 날마다 꾸준히 규칙적으로 학습해 나갈 때에만 비로소 수학적 사고의 기틀이 마련되는 것입니다. 교육은 사랑입니다. 자녀가 학습한 부분을 어머니께서 꼭 확인하시면서 사랑으로 돌봐 주세요. 부모님의 관심 속에서 자란 아이들만이 성적 향상은 물론 이 사회에서 꼭 필요한 인격체로 성장해 나갈 수 있다는 것도 잊지 마세요.

기탄사고력수학 교재별 학습 내용

A 단계 교재

A - ❶ 교재	A - ❷ 교재
나와 가족에 대하여 알기 바른 행동 알기 다양한 선 그리기 다양한 사물 색칠하기 ○△□ 알기 똑같은 것 찾기 빠진 것 찾기 종류가 같은 것과 다른 것 찾기 관찰력, 논리력, 사고력 키우기	필요한 물건 찾기 관계 있는 것 찾기 다양한 기준에 따라 분류하기 (종류, 용도, 모양, 색깔, 재질, 계절, 성질 등) 두 가지 기준에 따라 분류하기 다섯까지 세기 변별력 키우기 미로 통과하기
A - ❸ 교재	**A - ❹ 교재**
다양한 기준으로 비교하기 (길이, 높이, 양, 무게, 크기, 두께, 넓이, 속도, 깊이 등) 시간의 순서 비교하기 반대 개념 알기 3까지의 숫자 배우기 그림 퍼즐 맞추기 미로 통과하기	최상급 개념 알기 다양한 기준으로 순서 짓기 (크기, 시간, 길이, 두께 등) 네 가지 이상 비교하기 이중 서열 알기 ABAB, ABCABC의 규칙성 알기 다양한 규칙 이해하기 부분과 전체 알기 5까지의 숫자 배우기 일대일 대응, 일대다 대응 알기 미로 통과하기

B 단계 교재

B - ❶ 교재	B - ❷ 교재
열까지 세기 9까지의 숫자 배우기 사물의 기본 모양 알기 모양 구성하기 모양 나누기와 합치기 같은 모양, 짝이 되는 모양 찾기 위치 개념 알기 (위, 아래, 앞, 뒤) 위치 파악하기	9까지의 수량, 수 단어, 숫자 연결하기 구체물을 이용한 수 익히기 반구체물을 이용한 수 익히기 위치 개념 알기 (안, 밖, 왼쪽, 가운데, 오른쪽) 다양한 위치 개념 알기 시간 개념 알기 (낮, 밤) 구체물을 이용한 수와 양의 개념 알기 (같다, 많다, 적다)
B - ❸ 교재	**B - ❹ 교재**
순서대로 숫자 쓰기 거꾸로 숫자 쓰기 1 큰 수와 2 큰 수 알기 1 작은 수와 2 작은 수 알기 반구체물을 이용한 수와 양의 개념 알기 보존 개념 익히기 여러 가지 단위 배우기	순서수 알기 사물의 입체 모양 알기 입체 모양 나누기 두 수의 크기 비교하기 여러 수의 크기 비교하기 0의 개념 알기 0부터 9까지의 수 익히기

C 단계 교재

C - ❶ 교재

구체물을 통한 수 가르기
반구체물을 통한 수 가르기
숫자를 도입한 수 가르기
구체물을 통한 수 모으기
반구체물을 통한 수 모으기
숫자를 도입한 수 모으기

C - ❷ 교재

수 가르기와 모으기
여러 가지 방법으로 수 가르기
수 모으고 다시 수 가르기
수 가르고 다시 수 모으기
더해 보기
세로로 더해 보기
빼 보기
세로로 빼 보기
더해 보기와 빼 보기
바꾸어서 셈하기

C - ❸ 교재

길이 측정하기
넓이 측정하기
둘레 측정하기
부피 측정하기
활동 시간 알아보기
여러 가지 측정하기
높이 측정하기
크기 측정하기
무게 측정하기
들이 측정하기
시간의 순서 알아보기

C - ❹ 교재

열 개
열 개 만들어 보기
열 개 묶어 보기
자리 알아보기
수 '10' 알아보기
10의 크기 알아보기
더하여 10이 되는 수 알아보기
열다섯까지 세어 보기
스물까지 세어 보기

D 단계 교재

D - ❶ 교재

수 11~20 알기
11~20까지의 수 알기
30까지의 수 알아보기
자릿값을 이용하여 30까지의 수 나타내기
40까지의 수 알아보기
자릿값을 이용하여 40까지의 수 나타내기
자릿값을 이용하여 50까지의 수 나타내기
50까지의 수 알아보기

D - ❷ 교재

상자 모양, 공 모양, 둥근기둥 모양 알아보기
공간 위치 알아보기
입체도형으로 모양 만들기
여러 방향에서 본 모습 관찰하기
평면도형 알아보기
선대칭 모양 알아보기
모양 만들기와 탱그램

D - ❸ 교재

덧셈 이해하기
10이 되는 더하기
여러 가지로 더해 보기
덧셈 익히기
뺄셈 이해하기
10에서 빼기
여러 가지로 빼 보기
뺄셈 익히기

D - ❹ 교재

조사하여 기록하기
그래프의 이해
그래프의 활용
분수의 이해
시간 느끼기
사건의 순서 알기
소요 시간 알아보기
달력 보기
시계 보기
활동한 시간 알기

E

단계 교재

E - ❶ 교재	E - ❷ 교재	E - ❸ 교재
사물의 개수를 세어 보고 1, 2, 3, 4, 5 알아보기 0의 개념과 0~5까지의 수의 순서 알기 하나 더 많다, 적다의 개념 알기 두 수의 크기 비교하기 사물의 개수를 세어 보고 6, 7, 8, 9 알아보기 0~9까지의 수의 순서 알기 하나 더 많다, 적다의 개념 알기 두 수의 크기 비교하기 여러 가지 모양 알아보기, 찾아보기, 만들어 보기 규칙 찾기	두 수로 가르기 두 수를 모으기 가르기와 모으기 덧셈식 알아보기 뺄셈식 알아보기 길이 비교해 보기 높이 비교해 보기 들이 비교해 보기 무게 비교해 보기 넓이 비교해 보기	수 10(십) 알아보기 19까지의 수 알아보기 몇십과 몇십 몇 알아보기 물건의 수 세기 50까지 수의 순서 알아보기 두 수의 크기 비교하기 분류하기 분류하여 세어 보기

E - ❹ 교재	E - ❺ 교재	E - ❻ 교재
수 60, 70, 80, 90 99까지의 수 수의 순서 두 수의 크기 비교 여러 가지 모양 알아보기, 찾아보기 여러 가지 모양 만들기, 그리기 규칙 찾기 10을 두 수로 가르기 10이 되도록 두 수를 모으기	10이 되는 더하기 10에서 빼기 세 수의 덧셈과 뺄셈 (몇십)+(몇), (몇십 몇)+(몇), (몇십 몇)+(몇십 몇) (몇십 몇)−(몇), (몇십 몇)−(몇십 몇) 긴바늘, 짧은바늘 알아보기 몇 시 알아보기 몇 시 30분 알아보기	세 수의 덧셈 받아올림이 있는 (몇)+(몇) 받아내림이 있는 (십 몇)−(몇) 세 수의 계산 덧셈식, 뺄셈식 만들기 □가 있는 덧셈식, 뺄셈식 만들기 여러 가지 방법으로 해결하기

단계 교재

F - ❶ 교재	F - ❷ 교재	F - ❸ 교재
백(100)과 몇백(200, 300, ……)의 개념 이해 세 자리 수와 뛰어 세기의 이해 세 자리 수의 크기 비교 받아올림이 있는 (두 자리 수)+(한 자리 수)의 계산 받아내림이 있는 (두 자리 수)−(한 자리 수)의 계산 세 수의 덧셈과 뺄셈 선분과 직선의 차이 이해 사각형, 삼각형, 원 등의 여러 가지 모양 쌓기나무로 똑같이 쌓아 보고 여러 가지 모양 만들기 배열 순서에 따라 규칙 찾아내기	받아올림이 있는 (두 자리 수)+(두 자리 수)의 계산 받아내림이 있는 (두 자리 수)−(두 자리 수)의 계산 여러 가지 방법으로 계산하고 세 수의 혼합 계산 길이 비교와 단위길이의 비교 길이의 단위(cm) 알기 길이 재기와 길이 어림하기 어떤 수를 □로 나타내기 덧셈식·뺄셈식에서 □의 값 구하기 어떤 수를 구하는 식 만들기 식에 알맞은 문제 만들기	시각 읽기 시각과 시간의 차이 알기 하루의 시간 알기 달력을 보며 1년 알기 몇 시 몇 분 전 알기 반 시간 알기 묶어 세기 몇 배 알아보기 더하기를 곱하기로 나타내기 덧셈식과 곱셈식으로 나타내기

F - ❹ 교재	F - ❺ 교재	F - ❻ 교재
2~9의 단 곱셈구구 익히기 1의 단 곱셈구구와 0의 곱 곱셈표에서 규칙 찾기 받아올림이 없는 세 자리 수의 덧셈 받아내림이 없는 세 자리 수의 뺄셈 여러 가지 방법으로 계산하기 미터(m)와 센티미터(cm) 길이 재기 길이 어림하기 길이의 합과 차	받아올림이 있는 세 자리 수의 덧셈 받아내림이 있는 세 자리 수의 뺄셈 여러 가지 방법으로 덧셈·뺄셈하기 세 수의 혼합 계산 똑같이 나누기 전체와 부분의 크기 분수의 쓰기와 읽기 분수만큼 색칠하고 분수로 나타내기 표와 그래프로 나타내기 조사하여 표와 그래프로 나타내기	□가 있는 곱셈식을 만들어 문제 해결하기 규칙을 찾아 문제 해결하기 거꾸로 생각하여 문제 해결하기

G
단계 교재

G - ❶ 교재	G - ❷ 교재	G - ❸ 교재
1000의 개념 알기 몇천, 네 자리 수 알기 수의 자릿값 알기 뛰어 세기, 두 수의 크기 비교 세 자리 수의 덧셈 덧셈의 여러 가지 방법 세 자리 수의 뺄셈 뺄셈의 여러 가지 방법 각과 직각의 이해 직각삼각형, 직사각형, 정사각형의 이해	똑같이 묶어 덜어 내기와 똑같게 나누기 나눗셈의 몫 곱셈과 나눗셈의 관계 나눗셈의 몫을 구하는 방법 나눗셈의 세로 형식 곱셈을 활용하여 나눗셈의 몫 구하기 평면도형 밀기, 뒤집기, 돌리기 평면도형 뒤집고 돌리기 (몇십)×(몇)의 계산 (두 자리 수)×(한 자리 수)의 계산	분수만큼 알기와 분수로 나타내기 몇 개인지 알기 분수의 크기 비교 mm 단위를 알기와 mm 단위까지 길이 재기 km 단위를 알기 km, m, cm, mm의 단위가 있는 길이의 합과 차 구하기 시각과 시간의 개념 알기 1초의 개념 알기 시간의 합과 차 구하기

G - ❹ 교재	G - ❺ 교재	G - ❻ 교재
(네 자리 수)+(세 자리 수) (네 자리 수)+(네 자리 수) (네 자리 수)-(세 자리 수) (네 자리 수)-(네 자리 수) 세 수의 덧셈과 뺄셈 (세 자리 수)×(한 자리 수) (몇십)×(몇십) / (두 자리 수)×(몇십) (두 자리 수)×(두 자리 수) 원의 중심과 반지름 / 그리기 / 지름 / 성질	(몇십)÷(몇) 내림이 없는 (몇십 몇)÷(몇) 나눗셈의 몫과 나머지 나눗셈식의 검산 / (몇십 몇)÷(몇) 들이 / 들이의 단위 들이의 어림하기와 합과 차 무게 / 무게의 단위 무게의 어림하기와 합과 차 0.1 / 소수 알아보기 소수의 크기 비교하기	막대그래프 막대그래프 그리기 그림그래프 그림그래프 그리기 알맞은 그래프로 나타내기 규칙을 정해 무늬 꾸미기 규칙을 찾아 문제 해결 표를 만들어서 문제 해결 예상과 확인으로 문제 해결

H
단계 교재

H - ❶ 교재	H - ❷ 교재	H - ❸ 교재
만 / 다섯 자리 수 / 십만, 백만, 천만 억 / 조 / 큰 수 뛰어서 세기 두 수의 크기 비교 100, 1000, 10000, 몇백, 몇천의 곱 (세,네 자리 수)×(두 자리 수) 세 수의 곱셈 / 몇십으로 나누기 (두,세 자리 수)÷(두 자리 수) 각의 크기 / 각 그리기 / 각도의 합과 차 삼각형의 세 각의 크기의 합 사각형의 네 각의 크기의 합	이등변삼각형 / 이등변삼각형의 성질 정삼각형 / 예각과 둔각 예각삼각형 / 둔각삼각형 덧셈, 뺄셈 또는 곱셈, 나눗셈이 섞여 있는 혼합 계산 덧셈, 뺄셈, 곱셈, 나눗셈이 섞여 있는 혼합 계산 ( ), { }가 있는 혼합 계산 분수와 진분수 / 가분수와 대분수 대분수를 가분수로, 가분수를 대분수로 나타내기 분모가 같은 분수의 크기 비교	소수 소수 두 자리 수 소수 세 자리 수 소수 사이의 관계 소수의 크기 비교 규칙을 찾아 수로 나타내기 규칙을 찾아 글로 나타내기 새로운 무늬 만들기

H - ❹ 교재	H - ❺ 교재	H - ❻ 교재
분모가 같은 진분수의 덧셈 분모가 같은 대분수의 덧셈 분모가 같은 진분수의 뺄셈 분모가 같은 대분수의 뺄셈 분모가 같은 대분수와 진분수의 덧셈과 뺄셈 소수의 덧셈 / 소수의 뺄셈 수직과 수선 / 수선 긋기 평행선 / 평행선 긋기 평행선 사이의 거리	사다리꼴 / 평행사변형 / 마름모 직사각형과 정사각형의 성질 다각형과 정다각형 / 대각선 여러 가지 모양 만들기 여러 가지 모양으로 덮기 직사각형과 정사각형의 둘레 1 cm^2 / 직사각형과 정사각형의 넓이 여러 가지 도형의 넓이 이상과 이하 / 초과와 미만 / 수의 범위 올림과 버림 / 반올림 / 어림의 활용	꺾은선그래프 꺾은선그래프 그리기 물결선을 사용한 꺾은선그래프 물결선을 사용한 꺾은선그래프 그리기 알맞은 그래프로 나타내기 꺾은선그래프의 활용 두 수 사이의 관계 두 수 사이의 관계를 식으로 나타내기 문제를 해결하고 풀이 과정을 설명하기

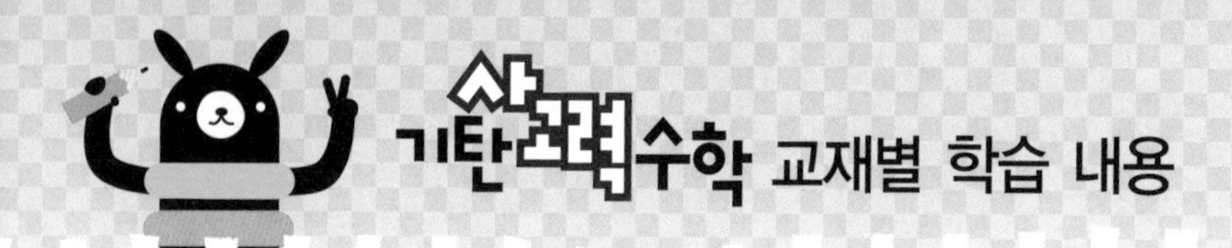

단계 교재

I - ❶ 교재	I - ❷ 교재	I - ❸ 교재
약수 / 배수 / 배수와 약수의 관계 공약수와 최대공약수 공배수와 최소공배수 크기가 같은 분수 알기 크기가 같은 분수 만들기 분수의 약분 / 분수의 통분 분수의 크기 비교 / 진분수의 덧셈 대분수의 덧셈 / 진분수의 뺄셈 대분수의 뺄셈 / 세 분수의 덧셈과 뺄셈	세 분수의 덧셈과 뺄셈 (진분수)×(자연수) / (대분수)×(자연수) (자연수)×(진분수) / (자연수)×(대분수) (단위분수)×(단위분수) (진분수)×(진분수) / (대분수)×(대분수) 세 분수의 곱셈 / 합동인 도형의 성질 합동인 삼각형 그리기 면, 모서리, 꼭짓점 직육면체와 정육면체 직육면체의 성질 / 겨냥도 / 전개도	평행사변형의 넓이 삼각형의 넓이 사다리꼴의 넓이 마름모의 넓이 넓이의 단위 m^2, a 넓이의 단위 ha, km^2 넓이의 단위 관계 무게의 단위
I - ❹ 교재	**I - ❺ 교재**	**I - ❻ 교재**
분수와 소수의 관계 분수를 소수로, 소수를 분수로 나타내기 분수와 소수의 크기 비교 1÷(자연수)를 곱셈으로 나타내기 (자연수)÷(자연수)를 곱셈으로 나타내기 (진분수)÷(자연수) / (가분수)÷(자연수) (대분수)÷(자연수) 분수와 자연수의 혼합 계산 선대칭도형/선대칭의 위치에 있는 도형 점대칭도형/점대칭의 위치에 있는 도형	(소수)×(자연수) / (자연수)×(소수) 곱의 소수점의 위치 (소수)×(소수) 소수의 곱셈 (소수)÷(자연수) (자연수)÷(자연수) 줄기와 잎 그림 그림그래프 평균 자료를 그래프로 나타내고 설명하기	두 수의 크기 비교 비율 백분율 할푼리 실제로 해 보기와 표 만들기 그림 그리기와 식 만들기 예상하고 확인하기와 표 만들기 실제로 해 보기와 규칙 찾기

단계 교재

J - ❶ 교재	J - ❷ 교재	J - ❸ 교재
(자연수)÷(단위분수) 분모가 같은 진분수끼리의 나눗셈 분모가 다른 진분수끼리의 나눗셈 (자연수)÷(진분수) / 대분수의 나눗셈 분수의 나눗셈 활용하기 소수의 나눗셈 / (자연수)÷(소수) 소수의 나눗셈에서 나머지 반올림한 몫 입체도형과 각기둥 / 각뿔 각기둥의 전개도 / 각뿔의 전개도	쌓기나무의 개수 쌓기나무의 각 자리, 각 층별로 나누어 개수 구하기 규칙 찾기 쌓기나무로 만든 것, 여러 가지 입체도형, 여러 가지 생활 속 건축물의 위, 앞, 옆 에서 본 모양 원주와 원주율 / 원의 넓이 띠그래프 알기 / 띠그래프 그리기 원그래프 알기 / 원그래프 그리기	비례식 비의 성질 가장 작은 자연수의 비로 나타내기 비례식의 성질 비례식의 활용 연비 두 비의 관계를 연비로 나타내기 연비의 성질 비례배분 연비로 비례배분
J - ❹ 교재	**J - ❺ 교재**	**J - ❻ 교재**
(소수)÷(분수) / (분수)÷(소수) 분수와 소수의 혼합 계산 원기둥 / 원기둥의 전개도 원뿔 회전체 / 회전체의 단면 직육면체와 정육면체의 겉넓이 부피의 비교 / 부피의 단위 직육면체와 정육면체의 부피 부피의 큰 단위 부피와 들이 사이의 관계	원기둥의 겉넓이 원기둥의 부피 경우의 수 순서가 있는 경우의 수 여러 가지 경우의 수 확률 미지수를 x로 나타내기 등식 알기 / 방정식 알기 등식의 성질을 이용하여 방정식 풀기 방정식의 활용	두 수 사이의 대응 관계 / 정비례 정비례를 활용하여 생활 문제 해결하기 반비례 반비례를 활용하여 생활 문제 해결하기 그림을 그리거나 식을 세워 문제 해결하기 거꾸로 생각하거나 식을 세워 문제 해결하기 표를 작성하거나 예상과 확인을 통하여 문제 해결하기 여러 가지 방법으로 문제 해결하기 새로운 문제를 만들어 풀어 보기

사고력도 탄탄! 창의력도 탄탄!

기탄사고력수학

E6

E301a ~ E315b

학습 관리표

학습 내용		이번 주는?
덧셈과 뺄셈 (2)	· 세 수의 덧셈 · 받아올림이 있는 (몇)+(몇) · 받아내림이 있는 (십 몇)−(몇) · 세 수의 계산 · 창의력 학습 · 경시 대회 예상 문제	• 학습 방법 : ① 매일매일 ② 가끔 ③ 한꺼번에 하였습니다. • 학습 태도 : ① 스스로 잘 ② 시켜서 억지로 하였습니다. • 학습 흥미 : ① 재미있게 ② 싫증내며 하였습니다. • 교재 내용 : ① 적합하다고 ② 어렵다고 ③ 쉽다고 하였습니다.

지도 교사가 부모님께	부모님이 지도 교사께

평가	Ⓐ 아주 잘함	Ⓑ 잘함	Ⓒ 보통	Ⓓ 부족함

원(교) 반 이름 전화

기초부터 탄탄하게
기탄교육
www.gitan.co.kr / (02)586-1007(대)

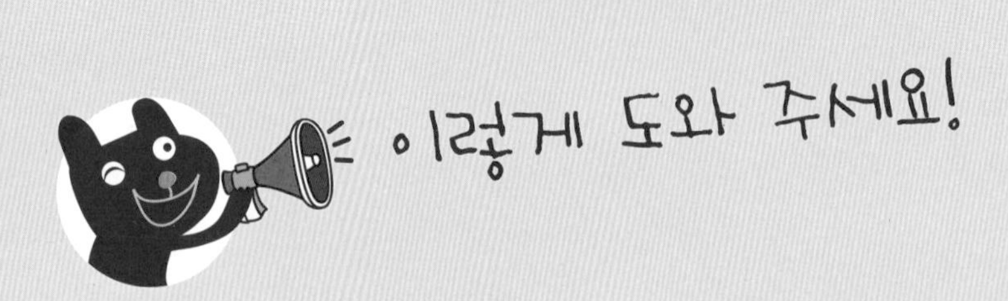

● 학습 목표

- 세 수의 덧셈을 할 수 있다.
- 합이 10이 넘는 (몇)+(몇)의 계산을 할 수 있다.
- 받아내림이 있는 (십 몇)−(몇)의 계산을 할 수 있다.
- 세 수의 연속된 덧셈 · 뺄셈을 할 수 있다.

● 지도 내용

- 세 수의 덧셈으로 앞이나 뒤의 두 수의 합이 10이거나 처음 수와 마지막 수의 합이 10이 되는 덧셈을 해 보게 한다.
- 받아올림이 있는 (몇)+(몇)에서 더하는 수나 더해지는 수를 분해하여 덧셈을 해 보게 한다.
- 받아내림이 있는 (십 몇)−(몇)에서 빼는 수나 빼어지는 수를 분해하여 뺄셈을 해 보게 한다.
- 세 수의 연속된 덧셈에서 앞의 두 수의 덧셈을 하고, 그 결과와 남은 뒤의 수를 더해 보게 한다.
- 세 수의 연속된 뺄셈에서 앞의 두 수의 뺄셈을 하고, 그 결과에서 남은 뒤의 수를 빼 보게 한다.

● 지도 요점

세 수의 덧셈은 일의 자리를 합하여 10을 받아올리는 기초 과정입니다. 일의 자리를 합하여 10을 받아올리는 덧셈은 합이 가장 큰 경우가 9+9=18입니다. 합이 18 이하인 덧셈은 큰 수의 덧셈의 중요한 기초가 됩니다. 즉, 아무리 큰 수의 덧셈도 합이 18 이하인 덧셈의 반복 적용입니다.
같은 생각으로 묶음 1개를 낱개 10개로 받아내리는 뺄셈의 경우는 빼어지는 수가 가장 큰 경우가 18−9=9입니다. 빼어지는 수가 18 이하인 뺄셈은 큰 수의 뺄셈의 중요한 기초가 됩니다. 즉, 아무리 큰 수의 뺄셈도 18 이하인 뺄셈의 반복 적용입니다.

이름 :
날짜 :
시간 : 시 분 ~ 시 분

◆ 세 수 더하기

$2+8+5$	$5+2+8$	$2+5+8$
$10+5=15$	$5+10=15$	$10+5=15$

합이 10이 되는 두 수를 먼저 더한 다음 나머지 수를 더 합니다.

합이 10이 되는 두 수를 먼저 더하고 나머지 수를 더하여 합을 구하시오. (1~2)

1

$4+6+3$

$\square+3=\square$

2

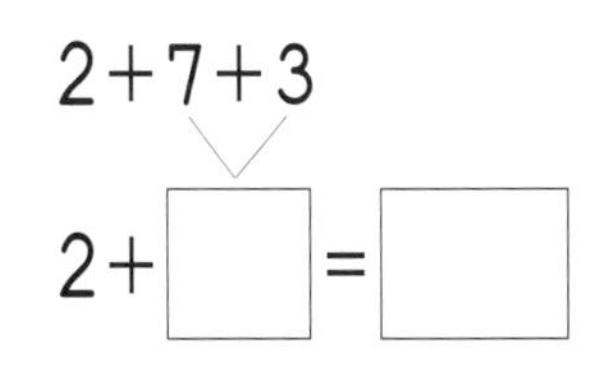

$2+7+3$

$2+\square=\square$

합이 10이 되는 두 수를 ◯로 묶고 합을 구하시오.(3~8)

3

1　7
9

1+9+7

□+7=□

4

2
8　3

8+2+3

□+3=□

5

6
1　4

1+6+4

1+□=□

6

8　5
5

8+5+5

8+□=□

7

9　1
4

9+4+1

□+4=□

8

9
3　7

3+9+7

□+9=□

이름 :

날짜 :

시간 : 시 분 ~ 시 분

합이 10이 되는 두 수를 먼저 더하고 나머지 수를 더하여 합을 구하시오. (1~8)

1 $4+6+2$

□ $+2=$ □

2 $2+8+7$

□ $+7=$ □

3 $6+3+7$

$6+$ □ $=$ □

4 $9+6+4$

$9+$ □ $=$ □

5 $7+8+3$

□ $+8=$ □

6 $8+5+2$

□ $+5=$ □

7 $5+5+1$

□ $+1=$ □

8 $3+1+9$

$3+$ □ $=$ □

다음 계산을 하시오.(9~18)

9 1+9+5=

10 7+8+2=

11 3+2+7=

12 7+3+4=

13 6+5+5=

14 1+2+9=

15 2+9+8=

16 6+8+4=

17 4+6+1=

18 3+9+1=

이름 :

날짜 :

시간 : 시 분 ~ 시 분

◆ 덧셈 (1)

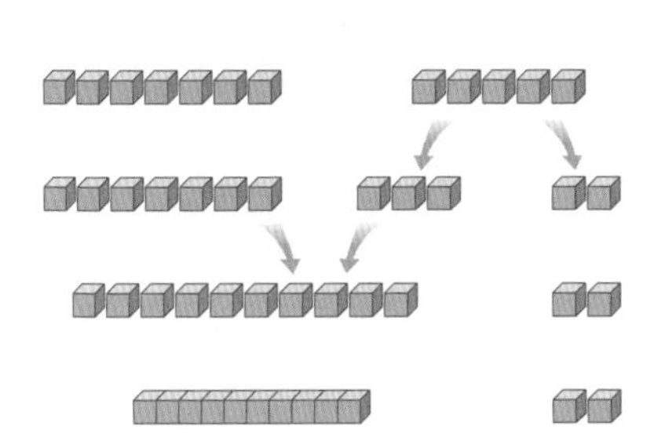

7+5

7+3+2

10+2=12

7에 3을 더하면 10이 되므로 5를 3과 2로 가릅니다.

다음 그림을 보고 □ 안에 알맞은 수를 써넣으시오.(1~2)

1

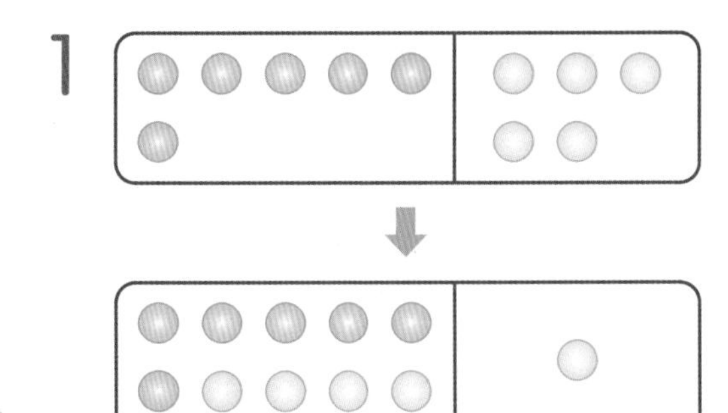

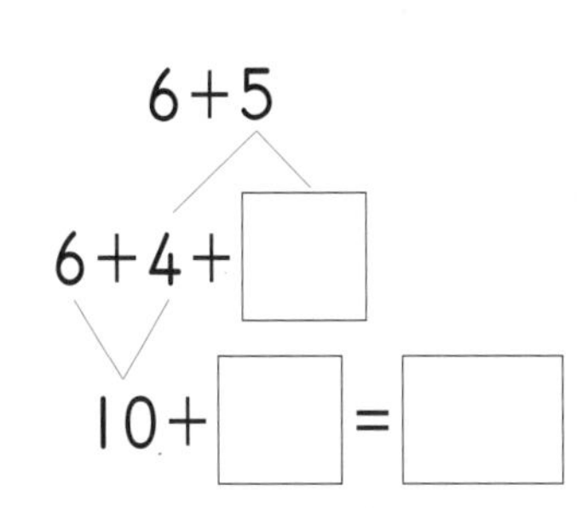

2

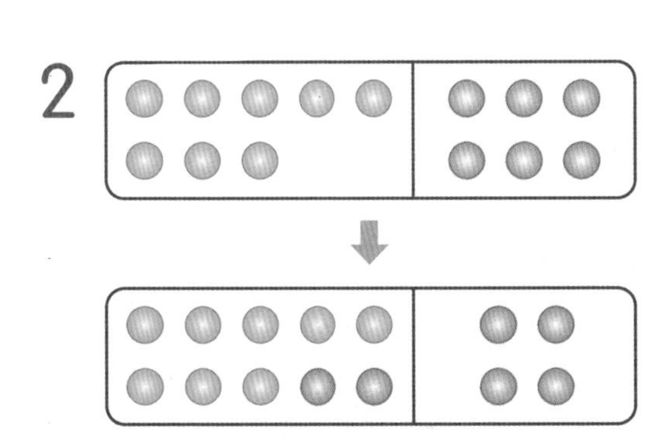

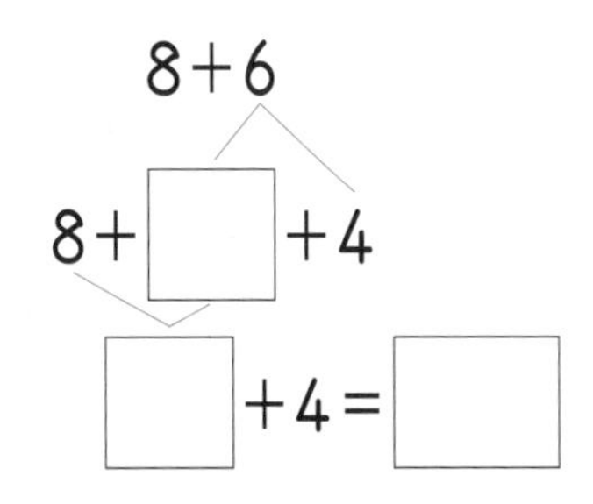

다음 □ 안에 알맞은 수를 써넣으시오.(3~8)

3 $9+4$

$9+1+\square$

$10+\square=\square$

4 $8+7$

$8+\square+5$

$\square+5=\square$

5 $7+6$

$7+3+\square$

$10+\square=\square$

6 $9+7$

$9+\square+6$

$\square+6=\square$

7 $8+3$

$8+2+\square$

$10+\square=\square$

8 $6+6$

$6+\square+2$

$\square+2=\square$

이름 :
날짜 :
시간 : 시 분 ~ 시 분

◆ 덧셈 (2)

3+9
2+1+9
2+10=12

9에 1을 더하면 10이 되므로 3을 2와 1로 가릅니다.

다음 그림을 보고 □ 안에 알맞은 수를 써넣으시오.(1~2)

1

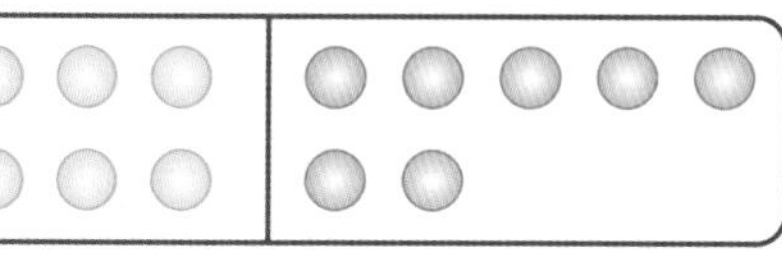

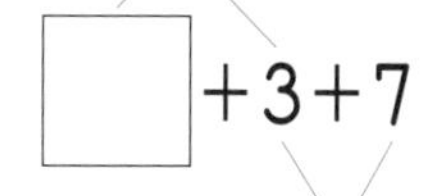

6+7
□+3+7
□+10=□

2

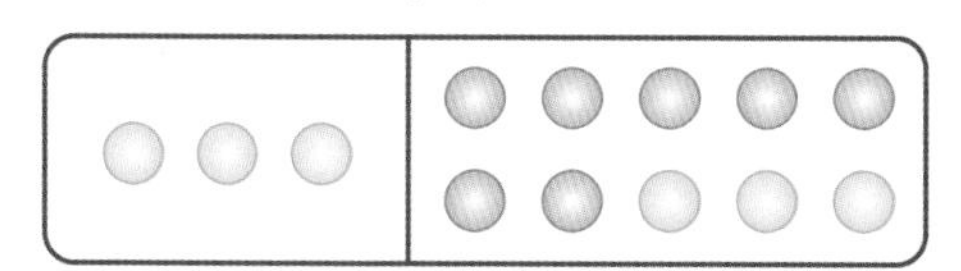

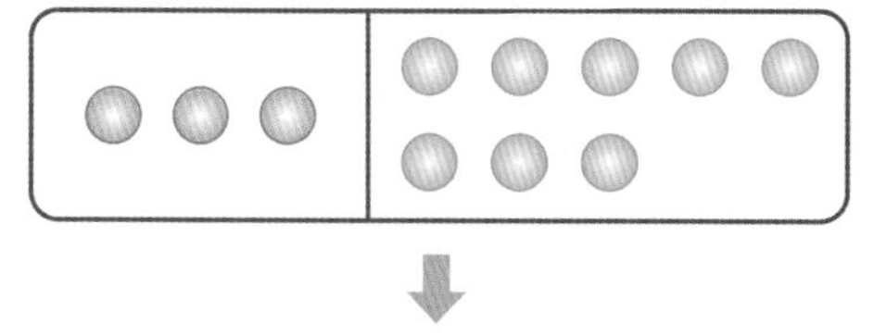

3+8
1+□+8
1+□=□

다음 □ 안에 알맞은 수를 써넣으시오.(3~8)

3 6+8

□+2+8

□+10=□

4 2+9

1+□+9

1+□=□

5 6+9

□+1+9

□+10=□

6 5+7

2+□+7

2+□=□

7 5+6

□+4+6

□+10=□

8 8+8

6+□+8

6+□=□

이름 :

날짜 :

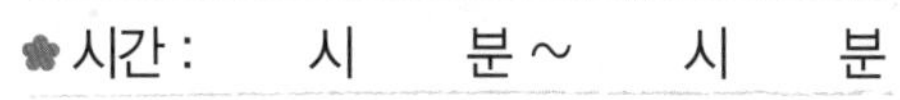

다음 계산을 하시오.(1~10)

1 9+2=

2 7+8=

3 8+5=

4 6+7=

5 9+8=

6 5+9=

7 7+5=

8 4+7=

9 8+4=

10 7+9=

다음 계산을 하시오.(11~20)

11

$$\begin{array}{r} 7 \\ +\ 4 \\ \hline \end{array}$$

12

$$\begin{array}{r} 4 \\ +\ 9 \\ \hline \end{array}$$

13

$$\begin{array}{r} 9 \\ +\ 6 \\ \hline \end{array}$$

14

$$\begin{array}{r} 8 \\ +\ 9 \\ \hline \end{array}$$

15

$$\begin{array}{r} 6 \\ +\ 5 \\ \hline \end{array}$$

16

$$\begin{array}{r} 4 \\ +\ 8 \\ \hline \end{array}$$

17

$$\begin{array}{r} 8 \\ +\ 6 \\ \hline \end{array}$$

18

$$\begin{array}{r} 3 \\ +\ 9 \\ \hline \end{array}$$

19

$$\begin{array}{r} 9 \\ +\ 5 \\ \hline \end{array}$$

20

$$\begin{array}{r} 5 \\ +\ 8 \\ \hline \end{array}$$

❀ 이름 :

❀ 날짜 :

❀ 시간 : 시 분 ~ 시 분

◆ **뺄셈 (1)**

$$14-6$$
$$14-4-2$$
$$10-2=8$$

6을 4와 2로 가른 후 14에서 4를 먼저 빼고, 10에서 2를 뺍니다.

다음 그림을 보고 □ 안에 알맞은 수를 써넣으시오.(1~2)

1

13−8

13−3−□

10−□=□

2

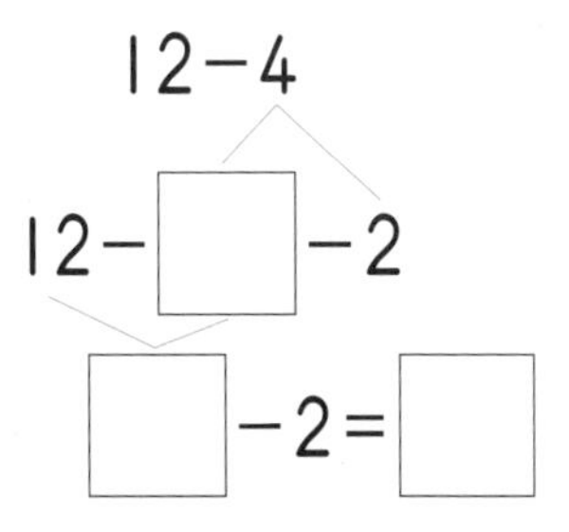

다음 □ 안에 알맞은 수를 써넣으시오.(3~8)

3

12－9

12－2－□

10－□＝□

4

14－7

14－□－3

□－3＝□

5

11－2

11－1－□

10－□＝□

6

15－9

15－□－4

□－4＝□

7

13－5

13－3－□

10－□＝□

8

16－7

16－□－1

□－1＝□

이름 :
날짜 :
시간 : 시 분 ~ 시 분

◆ **뺄셈 (2)**

14−8
10+4−8
10−8+4
2+4=6

14를 10과 4로 가른 후 10에서 8을 먼저 빼고, 4를 더합니다.

다음 그림을 보고 □ 안에 알맞은 수를 써넣으시오.(1~2)

1

12−5
10+2−5
10−5+□
5+□=□

2

13−4
10+3−4
10−□+3
□+3=□

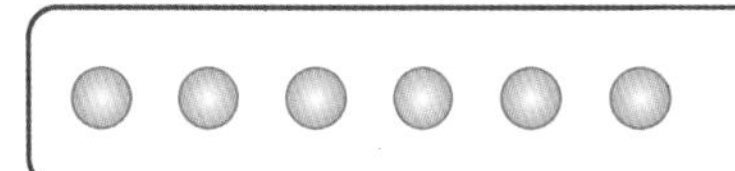

다음 □ 안에 알맞은 수를 써넣으시오.(3~8)

3 13−9

10+3−9

10−9+□

1+□=□

4 15−8

10+5−8

10−□+5

□+5=□

5 11−3

10+1−3

10−3+□

7+□=□

6 18−9

10+8−9

10−□+8

□+8=□

7 14−5

10+4−5

10−5+□

5+□=□

8 11−6

10+1−6

10−□+1

□+1=□

이름 :

날짜 :

시간 : 시 분 ~ 시 분

다음 계산을 하시오.(1~10)

1 $11-9=$

2 $15-7=$

3 $12-3=$

4 $11-4=$

5 $17-9=$

6 $12-8=$

7 $16-8=$

8 $11-8=$

9 $13-7=$

10 $14-9=$

다음 계산을 하시오.(11~20)

11 $\begin{array}{r} 13 \\ -\ 6 \\ \hline \end{array}$

12 $\begin{array}{r} 12 \\ -\ 4 \\ \hline \end{array}$

13 $\begin{array}{r} 11 \\ -\ 5 \\ \hline \end{array}$

14 $\begin{array}{r} 15 \\ -\ 6 \\ \hline \end{array}$

15 $\begin{array}{r} 17 \\ -\ 8 \\ \hline \end{array}$

16 $\begin{array}{r} 12 \\ -\ 7 \\ \hline \end{array}$

17 $\begin{array}{r} 11 \\ -\ 7 \\ \hline \end{array}$

18 $\begin{array}{r} 14 \\ -\ 6 \\ \hline \end{array}$

19 $\begin{array}{r} 12 \\ -\ 6 \\ \hline \end{array}$

20 $\begin{array}{r} 16 \\ -\ 9 \\ \hline \end{array}$

❀ 이름 :
❀ 날짜 :
❀ 시간 : 시 분 ~ 시 분

◆ **세 수의 덧셈**

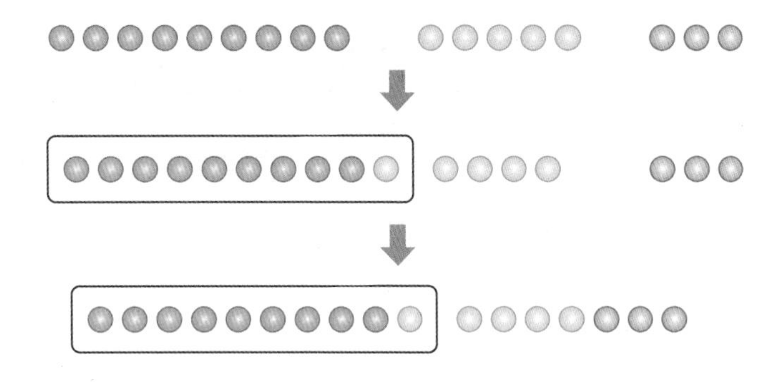

9+5+3 → 14+3=17

$$\begin{array}{r} 9 \\ +\ 5 \\ \hline 14 \end{array} \rightarrow \begin{array}{r} 14 \\ +\ 3 \\ \hline 17 \end{array}$$

세 수의 덧셈은 앞에서부터 차례로 계산하거나 순서를 바꾸어 계산해도 됩니다.

1 □ 안에 알맞은 수를 써넣으시오.

8+7+4 → □+4=□

$$\begin{array}{r} 8 \\ +\ 7 \\ \hline \square \end{array} \rightarrow \begin{array}{r} \square \\ +\ 4 \\ \hline \square \end{array}$$

◆ **세 수의 뺄셈**

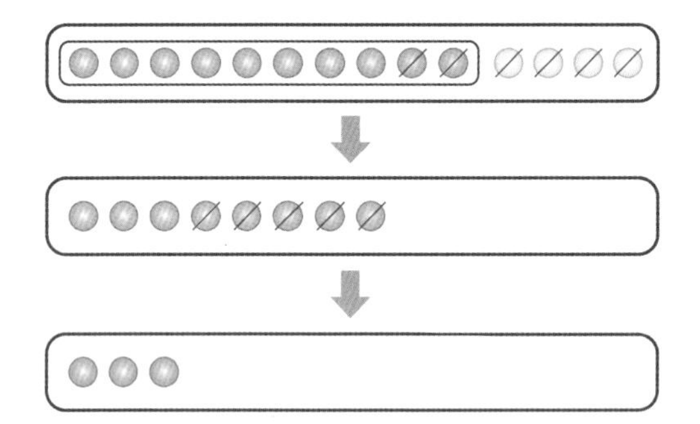

$14-6-5$ → $8-5=3$

$$\begin{array}{r} 14 \\ -\ 6 \\ \hline 8 \end{array} \rightarrow \begin{array}{r} 8 \\ -\ 5 \\ \hline 3 \end{array}$$

세 수의 뺄셈은 반드시 앞에서부터 두 수씩 차례로 계산해야 합니다.

2 □ 안에 알맞은 수를 써넣으시오.

$17-8-2$ → $\square-2=\square$

$$\begin{array}{r} 17 \\ -\ 8 \\ \hline \square \end{array} \rightarrow \begin{array}{r} \square \\ -\ 2 \\ \hline \square \end{array}$$

이름 :

날짜 :

시간 : 시 분 ~ 시 분

다음 □ 안에 알맞은 수를 써넣으시오.(1~6)

1 $9+3+5=\square$

2 $13-6-5=\square$

3 $5+8+3=\square$

4 $14-8-2=\square$

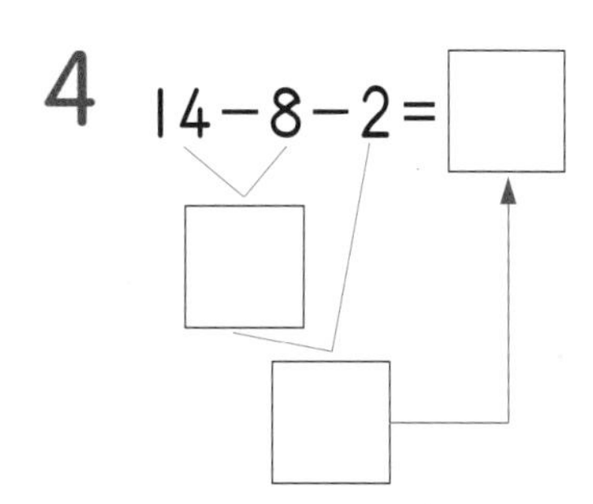

5 $9+9+1=\square$

6 $18-9-3=\square$

다음 계산을 하시오.(7~16)

7 $9+2+3=$

8 $12-3-4=$

9 $6+6+3=$

10 $11-7-4=$

11 $7+6+5=$

12 $13-5-7=$

13 $7+9+2=$

14 $15-8-5=$

15 $7+7+2=$

16 $14-9-2=$

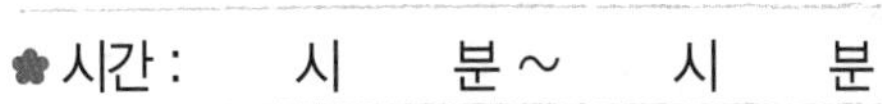

다음 계산을 하시오.(1~10)

1 $3+7+5=$

2 $6+9+1=$

3 $7+4=$

4 $5+9=$

5 $8+5=$

6 $13-7=$

7 $12-9=$

8 $16-8=$

9 $4+8+3=$

10 $17-9-5=$

11 합이 10이 되는 두 수를 ◯로 묶고 세 수의 합을 구하시오.

(1)

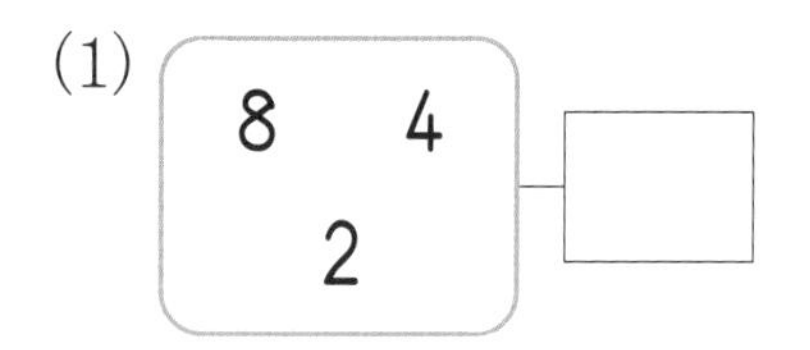

(2)

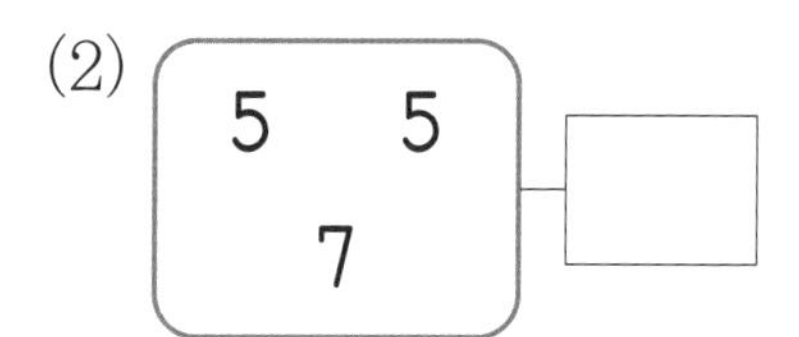

12 3+9와 계산한 값이 같은 것에 모두 ◯표 하시오.

8+4　　6+7　　5+7　　8+3

13 14−7과 계산한 값이 같은 것에 모두 ◯표 하시오.

13−8　　11−4　　15−6　　16−9

14 ◯ 안에 >, <를 알맞게 써넣으시오.

(1) 9+4 ◯ 6+8

(2) 15−6 ◯ 11−4

이름 :

날짜 :

시간 : 시 분 ~ 시 분

1 빈 곳에 알맞은 수를 써넣으시오.

(1)

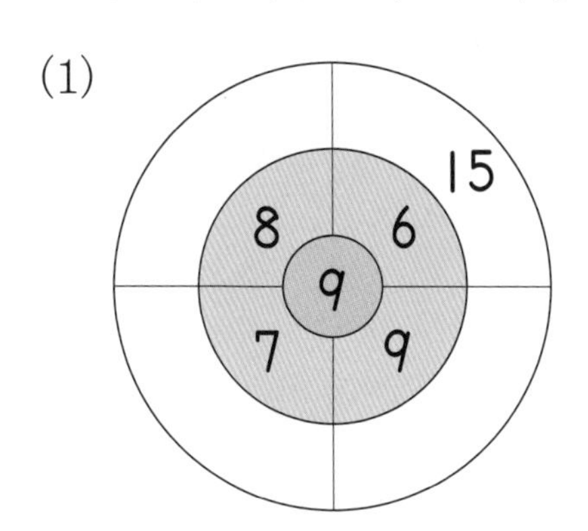

(2)

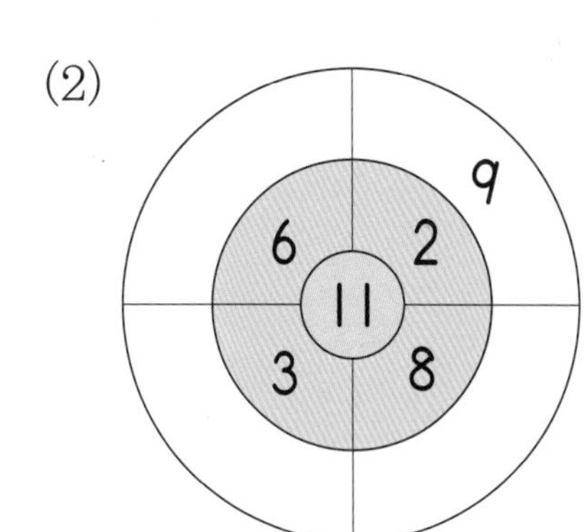

2 계산한 값이 큰 것부터 차례로 기호를 쓰시오.

㉠ 4+7	㉡ 8+8	㉢ 12−6	㉣ 14−7

[답]

3 빈칸에 알맞은 수를 써넣으시오.

(1)

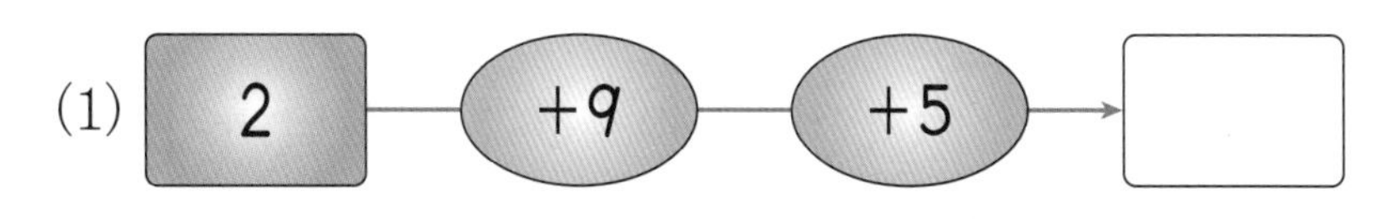

(2)

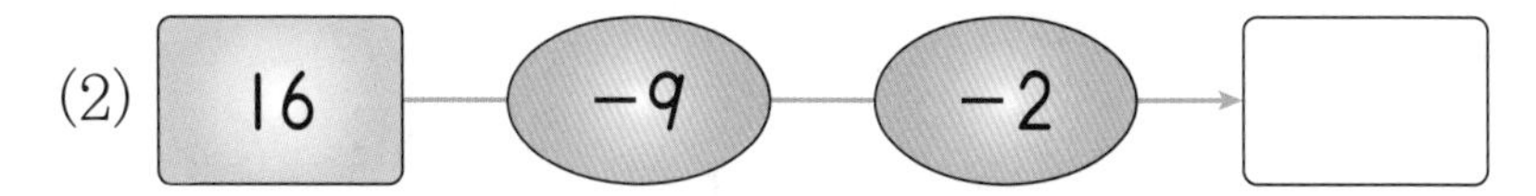

4 축구공 4개, 농구공 5개, 야구공 6개가 있습니다. 공은 모두 몇 개 있습니까?

[식] [답]

5 놀이터에서 남자 어린이 6명과 여자 어린이 9명이 놀고 있습니다. 놀이터에서 놀고 있는 어린이는 모두 몇 명입니까?

[식] [답]

6 한솔이는 사탕을 12개 가지고 있습니다. 그중에서 4개를 동생에게 주었습니다. 한솔이에게 남은 사탕은 몇 개입니까?

[식] [답]

7 전깃줄에 참새가 11마리 앉아 있습니다. 5마리가 날아가고, 잠시 후에 2마리가 또 날아갔습니다. 남아 있는 참새는 몇 마리입니까?

[식] [답]

❀ 이름 :

❀ 날짜 :

❀ 시간 : 시 분 ~ 시 분

창의력 학습

10보다 작은 두 수를 더해서 다음 수를 만들어 보시오.

□ + □ = □ + □ = □ + □ = □ + □ = 11

□ + □ = □ + □ = □ + □ = □ + □ = 12

□ + □ = □ + □ = □ + □ = 13

□ + □ = □ + □ = □ + □ = 14

□ + □ = □ + □ = 15

□ + □ = □ + □ = 16

□ + □ = 17

□ + □ = 18

식이 맞도록 △ 안에 +, − 기호를 알맞게 써넣으시오.

이름 :
날짜 :
시간 : 시 분 ~ 시 분

경시 대회 예상 문제

1 빈칸에 알맞은 수를 써넣으시오.

(1)

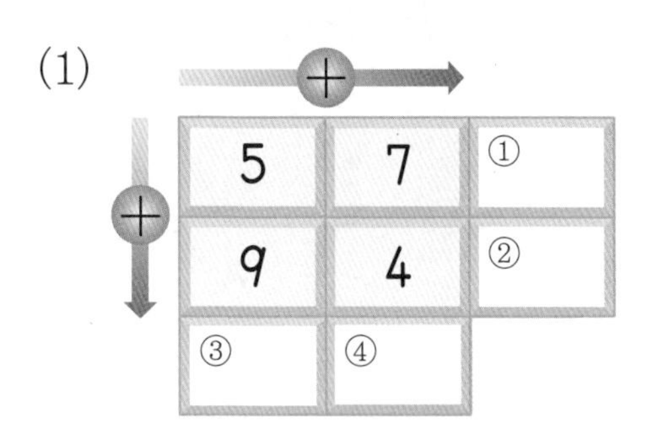

(2)

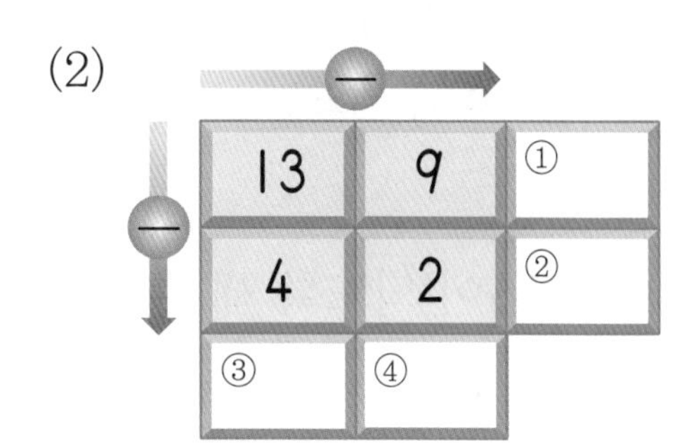

2 숫자와 기호로 올바른 식을 만들어 보시오.

(1) 4, 13, 9, +, = → □□□□□ / □□□□□

(2) 7, 5, 12, −, = → □□□□□ / □□□□□

(3) 4, 5, 9, 18, −, −, =

→ □□□□□□□

3 □ 안에 들어갈 수 중에서 가장 작은 수는 어느 것입니까?

① $7+3+\square=12$ ② $\square+8=11$
③ $16-\square=9$ ④ $\square+9+2=19$
⑤ $15-9-\square=2$

4 합이 16이 되도록 세 수를 묶어 보시오.

6	5	4	9	3	7
5	2	3	2	4	5
6	8	5	6	8	2

5 1부터 9까지의 9개의 숫자 중 3개의 숫자를 한 번씩만 사용하여 계산한 값이 가장 큰 수가 되도록 식을 만들고 답도 구하시오.

$\square+\square-\square=($ $)$

6 1부터 9까지의 9개의 숫자 중 3개의 숫자를 한 번씩만 사용하여 계산한 값이 0보다 크면서 가장 작은 수가 되도록 식을 만들고 답도 구하시오.

$\square+\square-\square=($ $)$

7 □ 안에 알맞은 수를 써넣으시오.

(1)

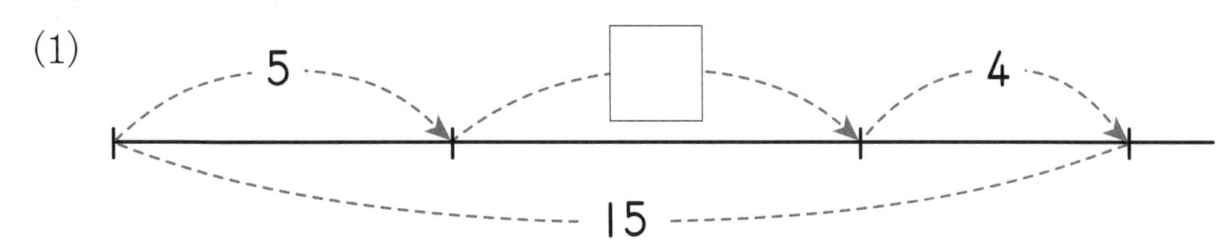

(2)

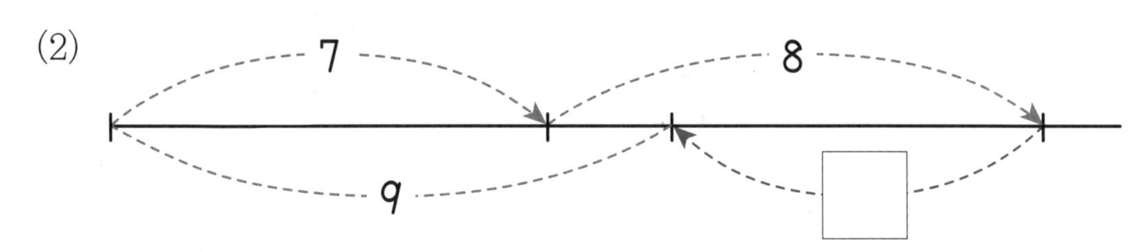

8 주사위 3개를 동시에 던져서 나온 눈의 수의 합을 구했더니 18이 되었습니다. □ 안에 알맞은 수를 써넣으시오.

□+□+□=18

9 [보기]의 식을 보고 □, △, ☆은 각각 어떤 수인지 구하시오.

보기
17－8＝☆,　☆＋6＝□,　□－9＝△

□＝(　　　　), △＝(　　　　), ☆＝(　　　　)

두 개의 판에 화살을 쏘고 있습니다. 화살이 꽂힌 곳에 쓰여 있는 수만큼 네모 판은 점수를 얻고 동그라미 판은 점수를 내주어야 합니다. 물음에 답하시오.(10~12)

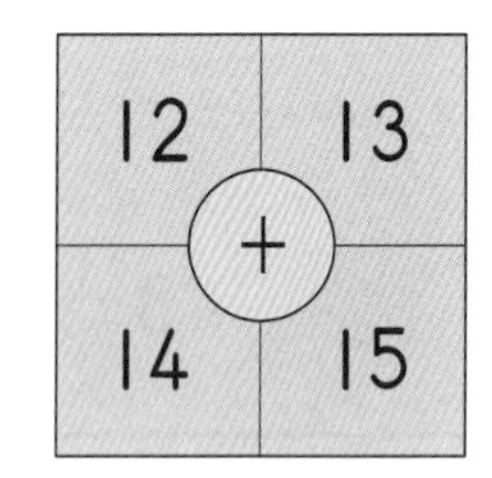

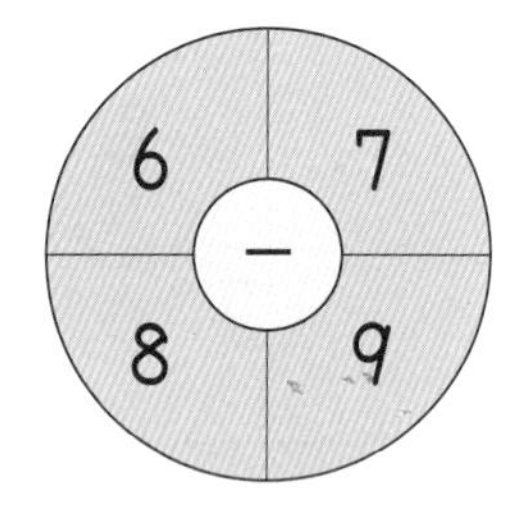

10 경호가 쏜 화살은 14와 8에 꽂혔습니다. 경호는 몇 점을 얻었습니까?

[식] [답]

11 유선이가 쏜 화살은 12와 7에 꽂혔고, 미림이가 쏜 화살은 13과 9에 꽂혔습니다. 누가 몇 점을 더 얻었습니까?

[답] ,

12 예진이는 화살을 세 번 쏘았는데 15, 6, 9에 꽂혔습니다. 예진이는 몇 점을 얻었습니까?

[식] [답]

사고력도 탄탄! 창의력도 탄탄!

기탄사고력수학

E6

E316a ~ E330b

학습 관리표

학습 내용		이번 주는?
문제 푸는 방법 찾기	· 덧셈식, 뺄셈식 만들기 · □가 있는 덧셈식, 뺄셈식 만들기 · 여러 가지 방법으로 해결하기 · 창의력 학습 · 경시 대회 예상 문제	• 학습 방법 : ① 매일매일 ② 가끔 ③ 한꺼번에 하였습니다. • 학습 태도 : ① 스스로 잘 ② 시켜서 억지로 하였습니다. • 학습 흥미 : ① 재미있게 ② 싫증내며 하였습니다. • 교재 내용 : ① 적합하다고 ② 어렵다고 ③ 쉽다고 하였습니다.

지도 교사가 부모님께	부모님이 지도 교사께

평가	Ⓐ 아주 잘함	Ⓑ 잘함	Ⓒ 보통	Ⓓ 부족함

원(교) 반 이름 전화

기초부터 탄탄하게 기탄교육
www.gitan.co.kr / (02)586-1007(대)

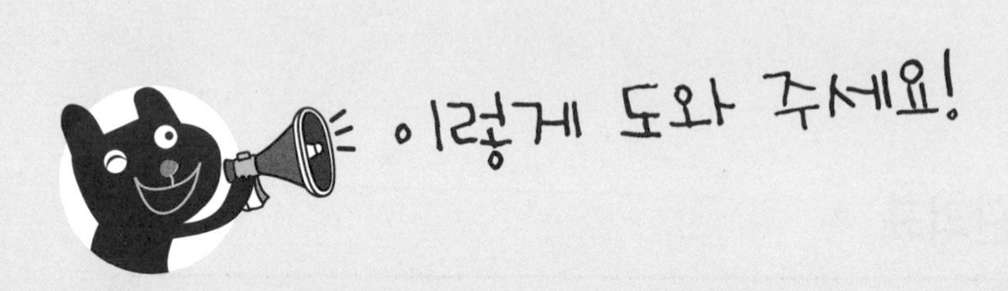

● 학습 목표

- 문제를 보고 덧셈식, 뺄셈식을 만들어 답을 구할 수 있다.
- □가 사용된 덧셈식이나 뺄셈식에서 □의 의미를 안다.
- □를 사용하여 덧셈식, 뺄셈식으로 나타낼 수 있다.
- 식 만들기, 그림 그리기, 실제로 해 보기 등 여러 가지 방법으로 문제를 해결할 수 있다.

● 지도 내용

- 덧셈 상황을 덧셈식으로, 뺄셈 상황을 뺄셈식으로 나타내어 보게 한다.
- 덧셈 상황에서 □가 있는 덧셈식을 만들어 보게 하고, 뺄셈 상황에서 □가 있는 뺄셈식을 만들어 보게 한다.
- 식 만들기, 그림 그리기, 실제로 해 보기 등 여러 가지 방법으로 문제를 해결하여 보게 한다.

● 지도 요점

덧셈식과 뺄셈식을 만들어 보고 □가 사용된 덧셈식이나 뺄셈식에서 □의 의미를 이해하게 하며, □ 안에 알맞은 수를 구할 수 있도록 합니다. □ 대신에 △, ○, ( ) 등 다른 기호도 사용할 수 있습니다.
구체물을 사용하여 덧셈과 뺄셈에 관련된 문제를 그림 그리기, 식 만들기, 실제로 해 보기 등의 여러 가지 방법으로 해결할 수 있도록 합니다. 문제를 풀 때 덧셈식이나 뺄셈식을 만들어 해결하는 한 가지 방법만을 강조할 것이 아니라, 각자가 해결할 수 있는 방법을 존중하여 문제 해결에 대한 자신감과 흥미를 가지게 합니다.

● 이름 :

● 날짜 :

● 시간 : 시 분 ~ 시 분

연못에 흰 오리 13마리와 노란 오리 5마리가 있습니다. 연못에 있는 오리는 모두 몇 마리인지 알아보시오.(1~3)

1 흰 오리와 노란 오리는 각각 몇 마리 있습니까?

흰 오리 □마리, 노란 오리 □마리

2 연못에 있는 오리는 모두 몇 마리인지 식으로 나타내시오.

[식] □ + □ = □

3 연못에 있는 오리는 모두 몇 마리입니까?

[답]

놀이터에서 남자 어린이 8명과 여자 어린이 6명이 놀고 있습니다. 놀이터에서 놀고 있는 어린이는 모두 몇 명인지 알아보시오.(4~6)

4 남자 어린이와 여자 어린이는 각각 몇 명입니까?

남자 ______ 명, 여자 ______ 명

5 놀이터에서 놀고 있는 어린이는 모두 몇 명인지 식으로 나타내시오.

[식] ______

6 놀이터에서 놀고 있는 어린이는 모두 몇 명입니까?

[답] ______

이름 :

날짜 :

시간 : 시 분 ~ 시 분

1 강아지 12마리와 고양이 4마리가 있습니다. 강아지와 고양이는 모두 몇 마리인지 알아보시오.

(1) 강아지와 고양이는 모두 몇 마리인지 식으로 나타내시오.

[식]

(2) 강아지와 고양이는 모두 몇 마리입니까?

[답]

2 반별로 농구 선수와 피구 선수를 뽑았습니다. 그림을 보고 선수는 모두 몇 명인지 식을 만들어 알아보시오.

[식]

[답]

비둘기 14마리가 있습니다. 그중에서 6마리가 날아갔습니다. 비둘기가 몇 마리 남아 있는지 알아보시오.(3~5)

3 □ 안에 알맞은 수를 써넣으시오.

□ 마리 중에서 □ 마리가 날아갔습니다.

4 비둘기가 몇 마리 남아 있는지 식으로 나타내시오.

[식] □ − □ = □

5 비둘기가 몇 마리 남아 있습니까?

[답] ______

이름 :

날짜 :

시간 : 시 분 ~ 시 분

꽃밭에 나비는 15마리, 벌은 9마리 있습니다. 나비는 벌보다 몇 마리 더 많은지 알아보시오.(1~3)

1 나비와 벌은 각각 몇 마리 있습니까?

나비 ______ 마리, 벌 ______ 마리

2 나비는 벌보다 몇 마리 더 많은지 식으로 나타내시오.

[식] ______________

3 나비는 벌보다 몇 마리 더 많습니까?

[답] ______________

4 사과 13개와 바나나 10개가 있습니다. 사과는 바나나보다 몇 개 더 많은지 알아보시오.

(1) 사과는 바나나보다 몇 개 더 많은지 식으로 나타내시오.

[식]

(2) 사과는 바나나보다 몇 개 더 많습니까?

[답]

5 그림을 보고 남아 있는 개구리는 몇 마리인지 식을 만들어 알아보시오.

[식] [답]

이름 :

날짜 :

시간 : 시 분 ~ 시 분

다음 그림을 보고 식으로 나타내시오.(1~6)

1

[식]

2

[식]

3

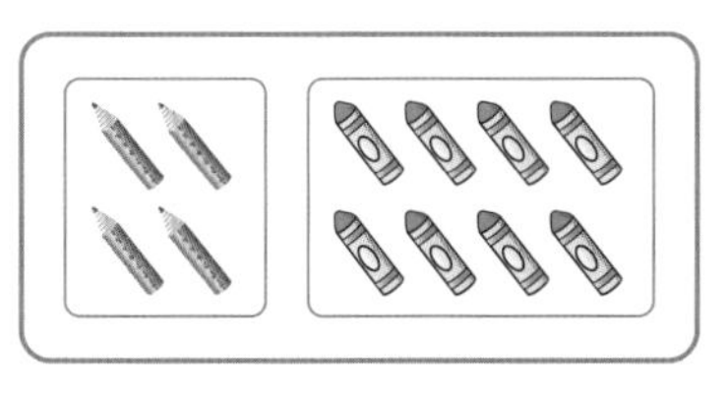

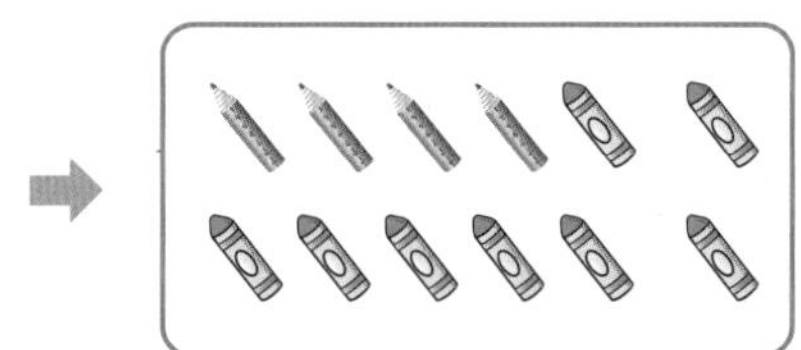

[식]

4

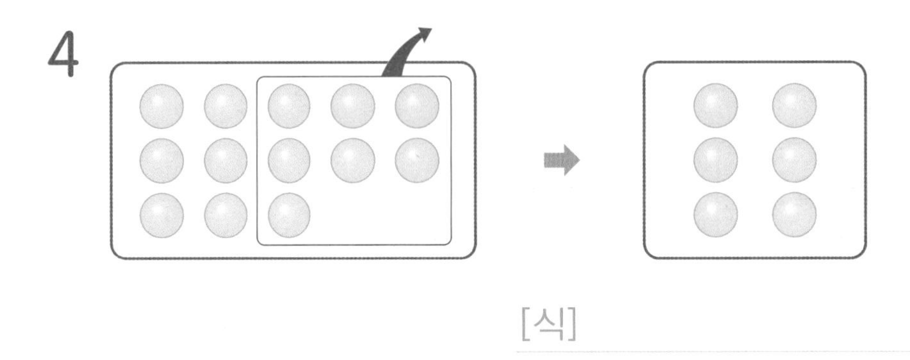

[식]

5

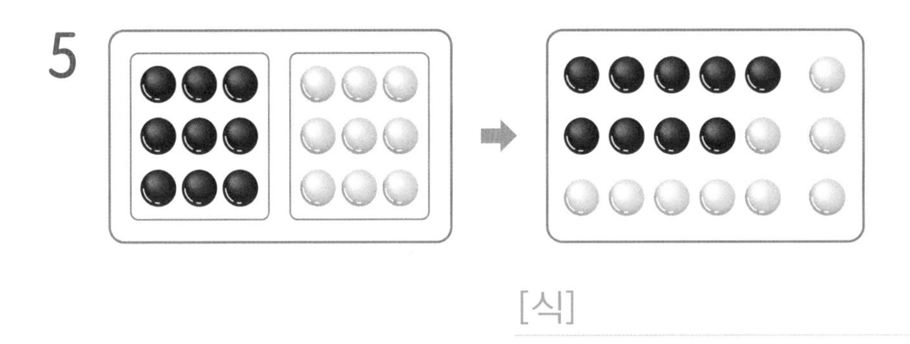

[식]

6

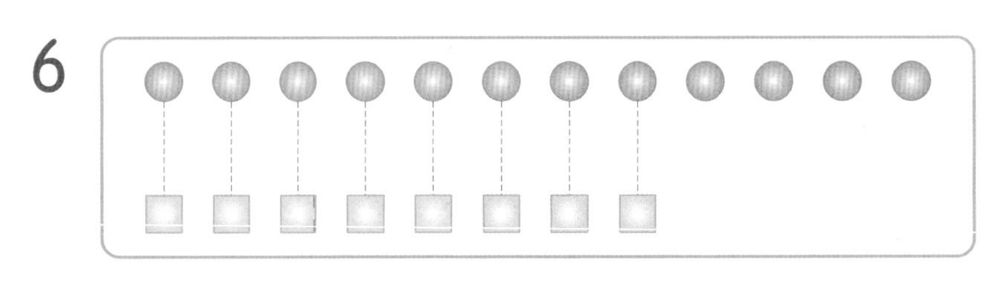

[식]

❀ 이름 :

❀ 날짜 :

❀ 시간 : 시 분 ~ 시 분

확인

다음 문제를 읽고 식을 만들어 알아보시오.(1~8)

1 울타리 안에 양이 9마리 있습니다. 잠시 후에 4마리가 더 들어왔습니다. 양은 모두 몇 마리입니까?

[식]　　　　　　　　　　[답]

2 미림이는 빨간 색연필 10자루를 가지고 있습니다. 아버지께서 파란 색연필 7자루를 더 사 주셨습니다. 색연필은 모두 몇 자루입니까?

[식]　　　　　　　　　　[답]

3 버스에 15명이 타고 있습니다. 정류장에서 8명이 내렸습니다. 버스에는 몇 명이 타고 있습니까?

[식]　　　　　　　　　　[답]

4 색종이가 18장 있습니다. 이 중에서 5장으로 종이학을 접었습니다. 색종이는 몇 장 남았습니까?

[식]　　　　　　　　　　[답]

5 경선이는 파란색 구슬 5개와 빨간색 구슬 14개를 가지고 있습니다. 경선이가 가지고 있는 구슬은 모두 몇 개입니까?

[식] [답]

6 교실에 남학생은 11명, 여학생은 9명 있습니다. 남학생은 여학생보다 몇 명 더 많습니까?

[식] [답]

7 하늘이네 집에는 닭이 7마리, 강아지가 4마리, 토끼가 5마리 있습니다. 동물은 모두 몇 마리입니까?

[식] [답]

8 참새 12마리가 전깃줄에 앉아 있습니다. 4마리가 날아가고 잠시 후에 5마리가 또 날아갔습니다. 남은 참새는 몇 마리입니까?

[식] [답]

이름 :

날짜 :

시간 : 시 분 ~ 시 분

토끼에게 줄 당근이 15개 있습니다. 노란색 상자에 5개를 담고 나머지는 파란색 상자에 담았습니다. 파란색 상자에는 당근이 몇 개 있는지 알아보시오.(1~3)

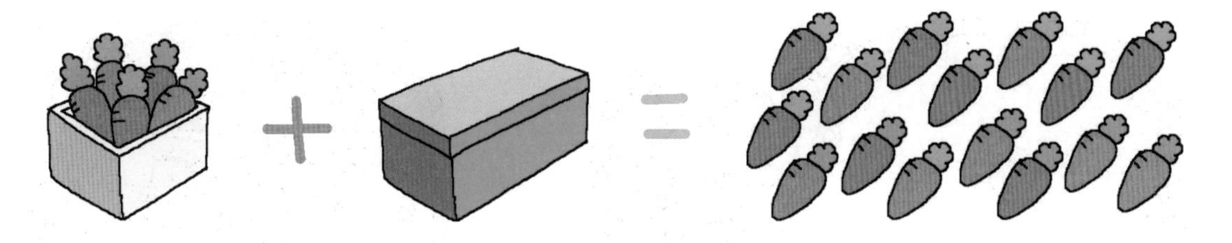

1 당근의 수를 식으로 나타내려고 합니다. 파란색 상자에 있는 당근의 수를 어떻게 나타내면 좋겠습니까?

[답] ______________________

2 ■를 사용하여 식을 만들어 보시오.

[식] □ + ■ = □

3 파란색 상자에는 당근이 몇 개 있습니까?

[답] ______________________

수영장에서 몇 명이 수영을 하고 있습니다. 잠시 후에 4명이 더 와서 모두 11명이 수영을 하였습니다. 처음 수영장에 있던 어린이는 몇 명인지 알아보시오.(4~6)

4 처음 수영장에 있던 어린이의 수를 알아보기 위해 식으로 나타내려고 합니다. 처음 수영장에 있던 어린이의 수를 어떻게 나타내면 좋겠습니까?

[답]

5 ○를 사용하여 식을 만들어 보시오.

[식]

6 처음 수영장에 있던 어린이는 몇 명입니까?

[답]

* 이름 :
* 날짜 :
* 시간 : 시 분 ~ 시 분

1 어머니께서 사과 7개와 감 몇 개를 사 오셨습니다. 어머니께서 사 오신 과일은 모두 12개입니다. 어머니께서 사 오신 감은 몇 개인지 알아보시오.

(1) 어머니께서 사 오신 감의 수를 △로 하여 식을 만들어 보시오.

[식]

(2) 어머니께서 사 오신 감은 몇 개입니까?

[답]

2 그림을 보고 보자기에 덮여 있는 밤은 몇 개인지 □가 있는 식을 만들어 구하시오.

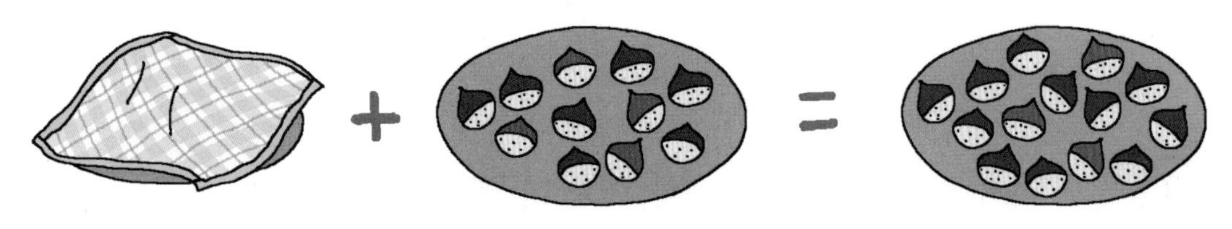

[식] [답]

바나나가 10개 있습니다. 그중에서 몇 개를 원숭이에게 주었더니 6개가 남았습니다. 원숭이에게 바나나를 몇 개 주었는지 알아보시오.(3~5)

3 남은 바나나의 수를 식으로 나타내려고 합니다. 원숭이에게 준 바나나의 수를 어떻게 나타내면 좋겠습니까?

[답] ______

4 ■를 사용하여 식을 만들어 보시오.

[식] □ − ■ = □

5 원숭이에게 준 바나나는 몇 개입니까?

[답] ______

이름 :

날짜 :

시간 : 시 분 ~ 시 분

상자에 당근이 몇 개 들어 있습니다. 그중에서 당근 3개를 토끼에게 먹이고 나니 8개가 남았습니다. 처음 상자에 들어 있던 당근은 몇 개인지 알아보시오.(1~3)

1 당근의 수를 식으로 나타내려고 합니다. 처음 상자에 들어 있던 당근의 수를 어떻게 나타내면 좋겠습니까?

[답]

2 ○를 사용하여 식을 만들어 보시오.

[식]

3 처음 상자에는 당근이 몇 개 들어 있었습니까?

[답]

4 사탕이 11개 있습니다. 그중에서 몇 개를 먹었더니 7개가 남았습니다. 먹은 사탕은 몇 개인지 알아보시오.

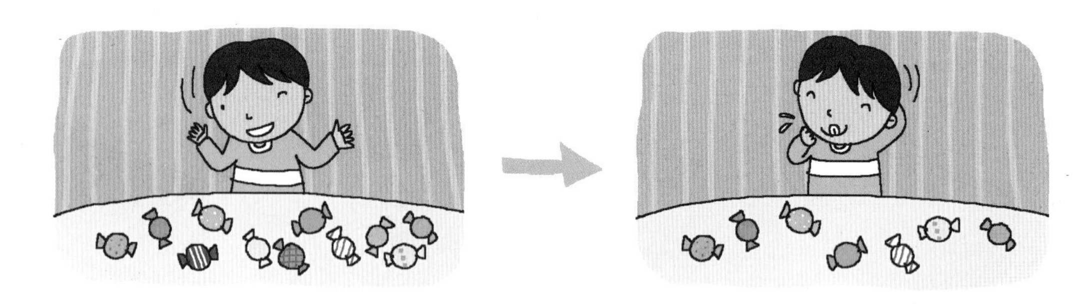

(1) 먹은 사탕의 수를 △로 하여 식을 만들어 보시오.

[식]

(2) 먹은 사탕은 몇 개입니까?

[답]

5 주머니에서 구슬을 7개 꺼냈더니 5개가 남았습니다. 주머니 속에는 구슬이 몇 개 들어 있었는지 □가 있는 식을 만들어 구하시오.

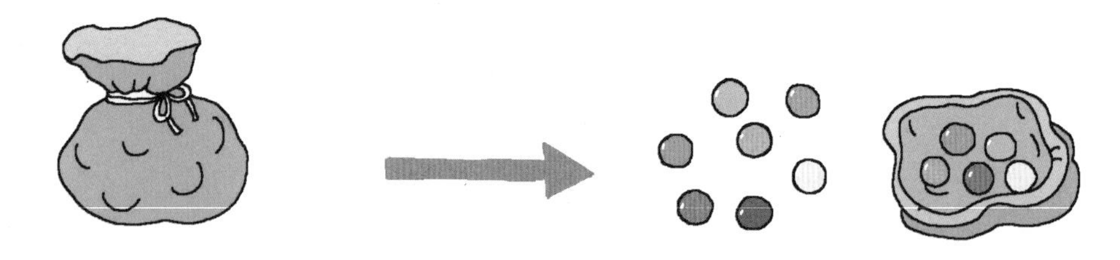

[식] [답]

이름 :

날짜 :

시간 : 시 분 ~ 시 분

다음 그림을 보고 □가 있는 식을 만들고 □의 값을 구하시오.(1~6)

1

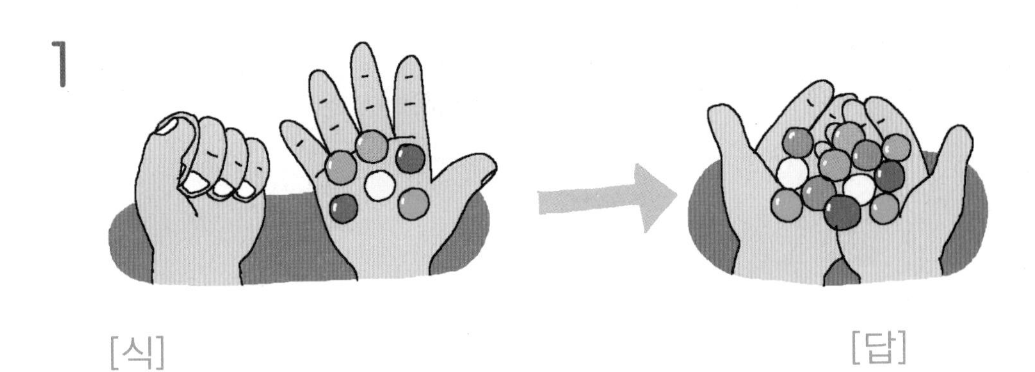

[식] [답]

2

[식] [답]

3

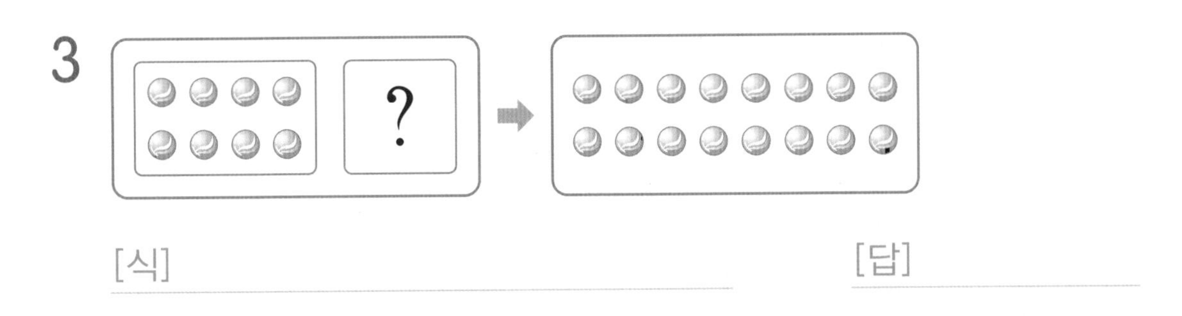

[식] [답]

4

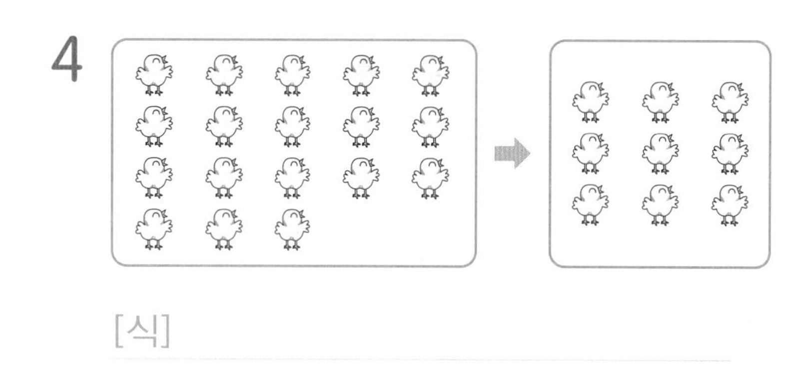

[식]

[답]

5

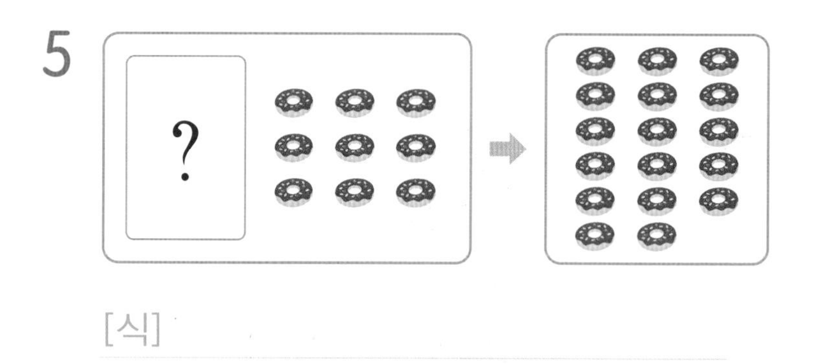

[식]

[답]

6

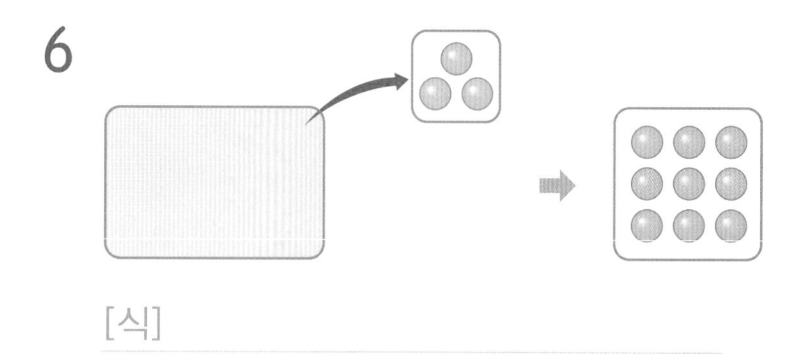

[식]

[답]

이름 :
날짜 :
시간 : 시 분~ 시 분

확인

□를 사용하여 문제에 알맞은 식을 쓰고 □의 값을 구하시오.(1~8)

1 연필이 6자루 있습니다. 몇 자루를 더 사 왔더니 모두 13자루가 되었습니다.

[식] [답]

2 어항에 빨간색 물고기가 몇 마리 있습니다. 노란색 물고기 10마리를 더 넣었더니 물고기가 모두 18마리가 되었습니다.

[식] [답]

3 주머니에 공이 17개 들어 있습니다. 이 중에서 몇 개를 꺼내었더니 5개가 남았습니다.

[식] [답]

4 공책이 몇 권 있습니다. 동생에게 8권을 주었더니 9권이 남았습니다.

[식] [답]

5 어미 고양이 10마리가 있습니다. 어미 고양이가 새끼 고양이 몇 마리를 낳아 고양이는 모두 20마리가 되었습니다.

[식] [답]

6 풍선이 14개 있습니다. 그중에서 몇 개가 터져서 6개가 남았습니다.

[식] [답]

7 운동장에 남학생이 몇 명 모여 있습니다. 잠시 후에 여학생이 9명 더 와서 모두 16명이 되었습니다.

[식] [답]

8 어머니께서 달걀 몇 개를 사 오셨습니다. 그중에서 5개를 빵을 만드는 데 사용하였더니 9개가 남았습니다.

[식] [답]

이름 :

날짜 :

시간 : 시 분 ~ 시 분

확인

1 빨간 모자가 5개 있습니다. 파란 모자를 몇 개 더 가져왔더니 모두 13개가 되었습니다. 더 가져온 파란 모자는 몇 개인지 알아보시오.

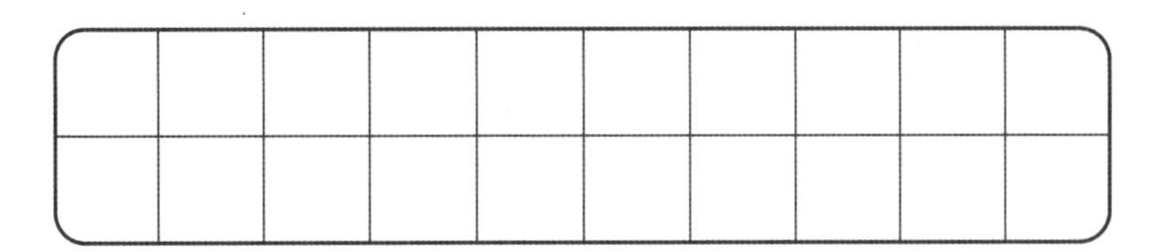

(1) 빨간 모자의 수를 ○로 나타내시오.

(2) 모자가 13개가 되도록 파란 모자의 수를 △로 나타내시오.

(3) △는 □ 개입니다.

(4) 더 가져온 파란 모자는 □ 개입니다.

2 책이 8권 있습니다. 몇 권의 책을 더 사 왔더니 모두 17권이 되었습니다. 더 사 온 책은 몇 권인지 ○를 그려서 알아보시오.

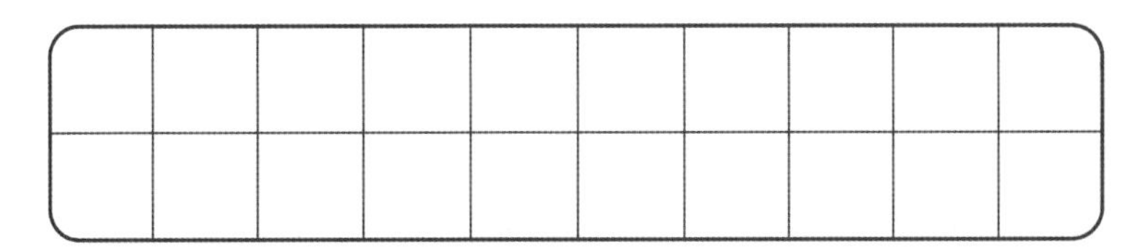

[답] ____________

3 14개의 귤이 있습니다. 몇 개의 귤을 먹었더니 9개가 남았습니다. 먹은 귤은 몇 개인지 알아보시오.

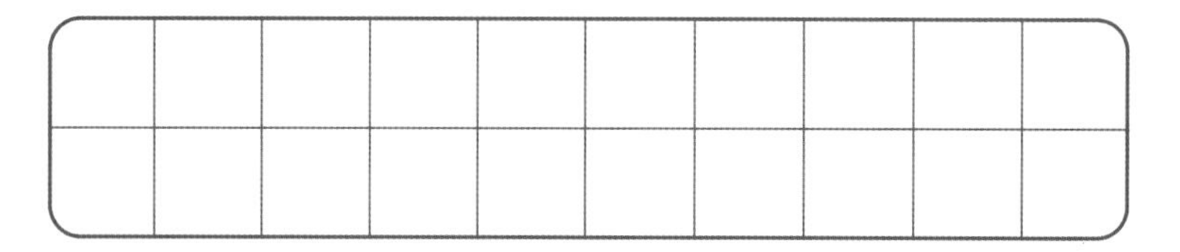

(1) 처음 있던 귤의 수를 ○로 나타내시오.

(2) 9개가 남도록 먹은 귤의 수만큼 ╱으로 지우시오.

(3) ╱으로 지운 ○는 □ 개입니다.

(4) 먹은 귤은 □ 개입니다.

4 형은 연필을 13자루 가지고 있습니다. 동생에게 몇 자루를 주었더니 8자루가 남았습니다. 동생에게 준 연필은 몇 자루인지 ○를 그려서 알아보시오.

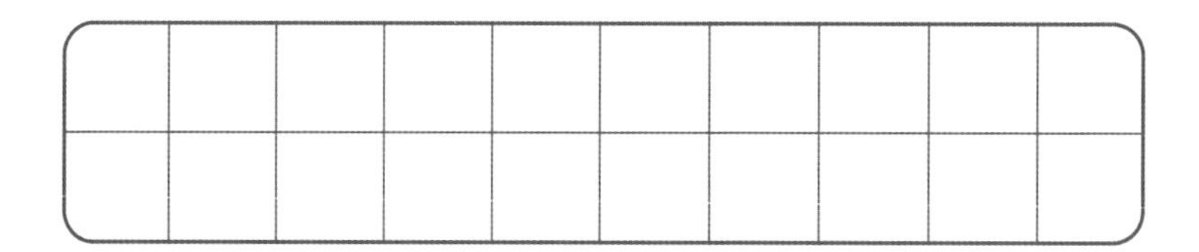

[답]

* 이름 :
* 날짜 :
* 시간 : 시 분 ~ 시 분

1 민호는 경희네 집에 놀러 가려고 합니다. 가는 길이 모두 몇 가지인지 알아보시오.

(1) 민호가 경희네 집에 가는 길을 빨간색, 파란색, 초록색으로 표시했습니다. ( ) 안에 알맞은 말을 써넣으시오.

- 빨간색 : 민호네 집 – 빵집 – 경희네 집
- 파란색 : 민호네 집 – ( )
- 초록색 : 민호네 집 – ( ) – 경희네 집

(2) 민호가 경희네 집에 가는 방법은 모두 □ 가지입니다.

2 왼쪽 그림과 같이 점이 4개 있습니다. 점 2개를 선으로 연결하는 방법은 모두 몇 가지입니까?

[답]

3 어항에 금붕어가 7마리 있습니다. 다음 날 8마리를 더 넣었다면 어항에 들어 있는 금붕어는 모두 몇 마리인지 ○를 그려서 알아보시오.

[답]

4 준우는 풍선 11개를 불었습니다. 그중에서 6개가 터졌다면 남아 있는 풍선은 몇 개인지 ○를 그려서 알아보시오.

[답]

5 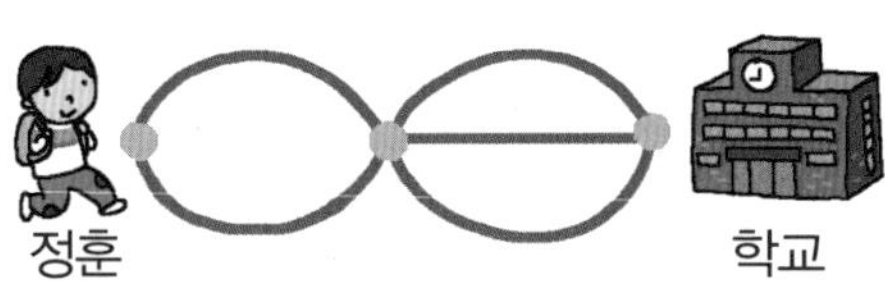

정훈이가 학교에 가려고 합니다. 가는 길은 모두 몇 가지입니까?

[답]

- 이름 :
- 날짜 :
- 시간 : 시 분~ 시 분

창의력 학습

수희와 정희는 1부터 9까지의 수를 한 번씩만 써넣어서 가로, 세로의 세 수의 합이 모두 15가 되게 하는 놀이를 하고 있습니다. 그런데 수희와 정희가 어려워 하고 있습니다. 여러분이 같이 풀어 보시오.

병아리가 어미 닭을 찾아가려고 합니다. 덧셈과 뺄셈을 하여 맞는 답이 있는 길을 따라가면 어미 닭을 찾을 수 있다고 합니다. 어느 길로 가야 하는지 어미 닭을 찾아가 보시오.

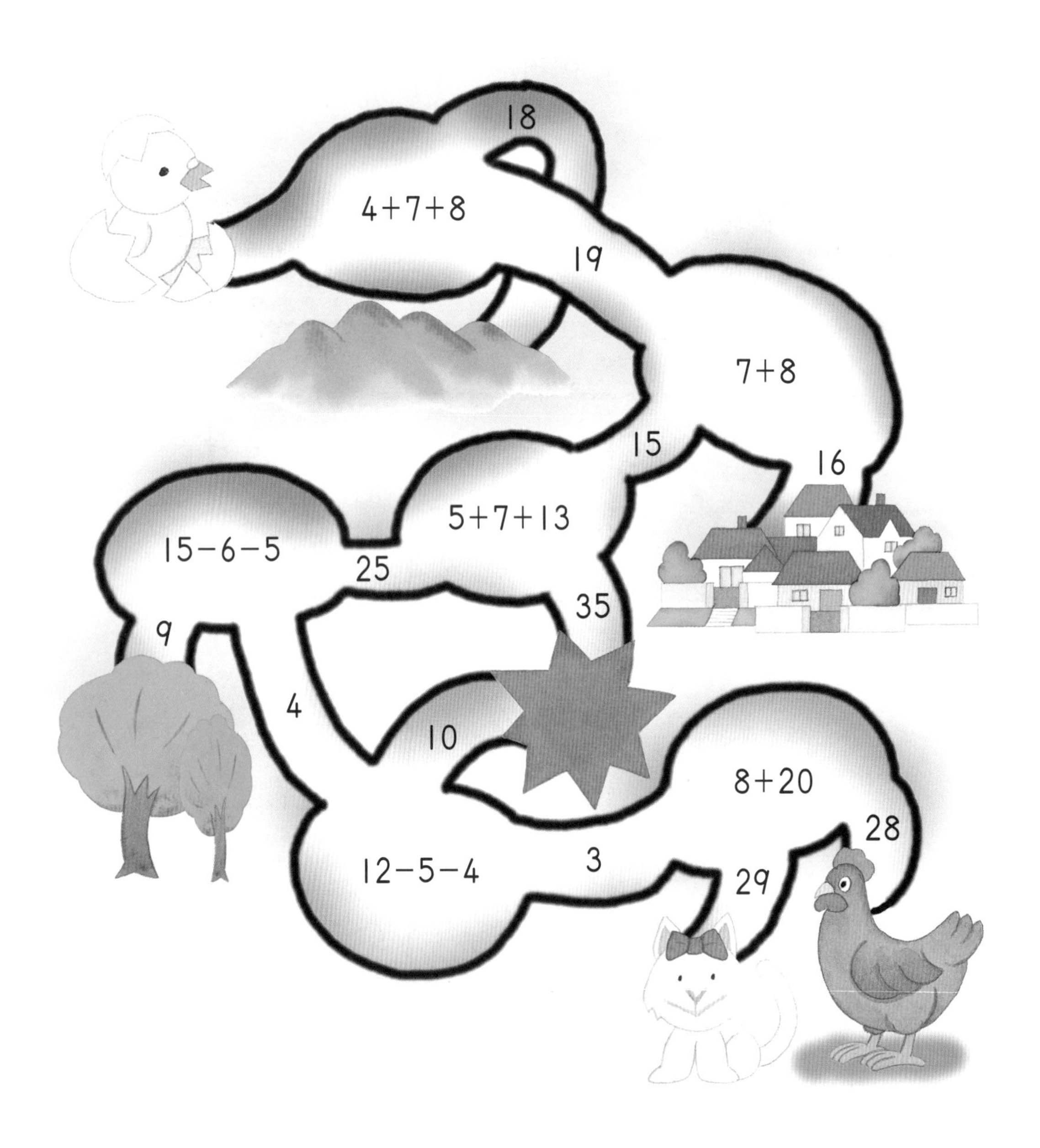

이름 :
날짜 :
시간 : 시 분 ~ 시 분

경시 대회 예상 문제

다음 그림을 보고 식을 만들어 알아보시오.(1~3)

1 시소와 미끄럼틀에서 놀고 있는 어린이는 모두 몇 명입니까?

[식] [답]

2 정글짐과 시소에서 놀고 있는 어린이는 모두 몇 명입니까?

[식] [답]

3 정글짐에서 놀고 있는 어린이는 미끄럼틀에서 놀고 있는 어린이보다 몇 명 더 많습니까?

[식] [답]

□를 사용하여 문제에 알맞은 식을 쓰고 □의 값을 구하시오.(4~5)

4 선생님께서 장미 8송이와 국화 몇 송이를 사 오셨습니다. 선생님께서 사 오신 꽃은 모두 13송이입니다.

[식] [답]

5 상자에 바나나가 몇 개 들어 있습니다. 그중에서 8개를 원숭이에게 먹이고 나니 8개가 남았습니다.

[식] [답]

6 청소함에 빗자루 15개, 대걸레 7개가 있습니다. 빗자루는 대걸레보다 몇 개가 더 많은지 빗자루는 ○, 대걸레는 △를 그려서 알아보시오.

[답]

7 빨간 구슬 3개와 파란 구슬 1개가 있습니다. 이 구슬 4개를 한 줄로 놓는 방법은 모두 몇 가지입니까?

[답]

8 기호, 민지, 유진이가 한 줄로 서려고 합니다. 세 명의 학생이 서로 다르게 한 줄로 서는 방법은 모두 몇 가지입니까?

[답]

9 왼쪽 그림과 같이 점이 4개 있습니다. 점 3개를 선으로 연결하여 세모 모양을 만들 수 있는 방법은 모두 몇 가지입니까?

[답]

10 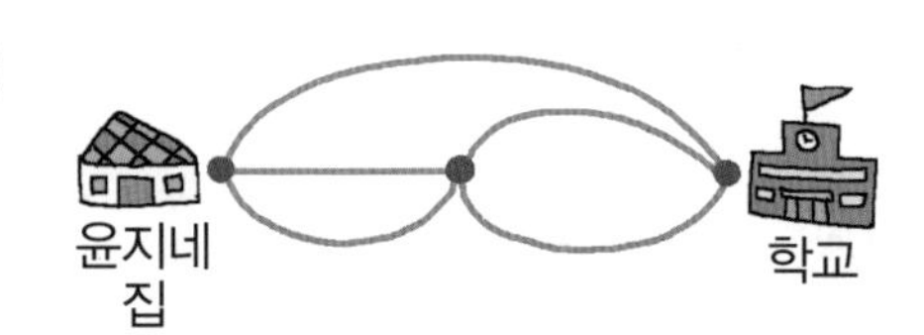

윤지가 집에서 학교까지 가는 길은 모두 몇 가지입니까?

[답]

다음 그림을 보고 물음에 답하시오.(11~13)

11 동물은 각각 몇 마리인지 표를 완성하시오.

동물					
마릿수(마리)					

12 두 가지 동물의 수의 합이 가장 큰 덧셈식을 만들어 보시오.

[식]

13 두 가지 동물의 수의 차가 가장 큰 뺄셈식을 만들어 보시오.

[식]

사고력도 탄탄! 창의력도 탄탄!

기탄사고력수학

E6

E331a ~ E345b

학습 관리표

학습 내용		이번 주는?
확인 학습	· 덧셈과 뺄셈 (2) · 문제 푸는 방법 찾기 · 창의력 학습 · 경시 대회 예상 문제	• 학습 방법 : ① 매일매일 ② 가끔 ③ 한꺼번에 하였습니다. • 학습 태도 : ① 스스로 잘 ② 시켜서 억지로 하였습니다. • 학습 흥미 : ① 재미있게 ② 싫증내며 하였습니다. • 교재 내용 : ① 적합하다고 ② 어렵다고 ③ 쉽다고 하였습니다.

지도 교사가 부모님께	부모님이 지도 교사께

평가	Ⓐ 아주 잘함	Ⓑ 잘함	Ⓒ 보통	Ⓓ 부족함

원(교) 반 이름 전화

기초부터 탄탄하게
G 기탄교육
www.gitan.co.kr / (02)586-1007(대)

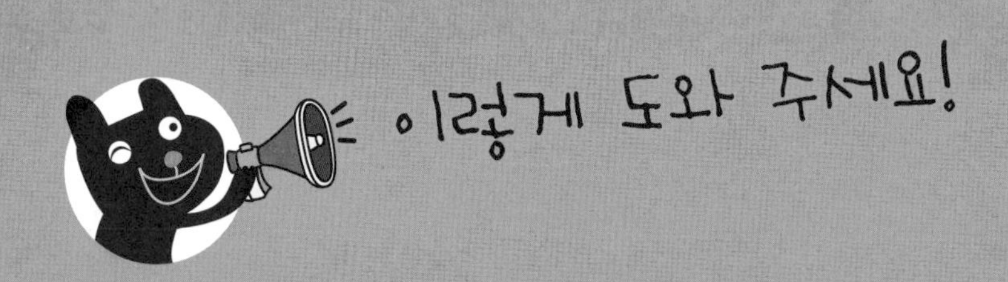

● 학습 목표

- 합이 10이 넘는 (몇)+(몇)의 계산과 받아내림이 있는 (십 몇)−(몇)의 계산을 할 수 있다.
- 문제를 보고 식 만들기, 그림 그리기, 실제로 해 보기 등 여러 가지 방법으로 문제를 해결할 수 있다.

● 지도 내용

- 받아올림이 있는 (몇)+(몇)에서 더하는 수나 더해지는 수를 분해하여 덧셈을 해 보게 하고, 받아내림이 있는 (십 몇)−(몇)에서 빼는 수나 빼어지는 수를 분해하여 뺄셈을 해 보게 한다.
- 문제를 보고 식 만들기, 그림 그리기, 실제로 해 보기 등 여러 가지 방법으로 문제를 해결하여 보게 한다.

● 지도 요점

받아올림이 있는 한 자리 수끼리의 덧셈과 받아내림이 있는 (십 몇)−(몇)을 바탕으로 하여, 한 자리 수인 세 수의 덧셈, 뺄셈을 익혀 생활 장면에서 덧셈과 뺄셈이 관련된 문제를 여러 가지 방법으로 해결할 수 있도록 지도합니다.

□가 사용된 덧셈식이나 뺄셈식에서 □의 의미를 이해하고, 덧셈, 뺄셈과 관련된 문제를 식 만들기, 그림 그리기, 실제로 해 보기 등 여러 가지 방법으로 해결할 수 있도록 지도합니다.

이름 :

날짜 :

시간 : 시 분 ~ 시 분

합이 10이 되는 두 수를 먼저 더하고 나머지 수를 더하여 합을 구하시오. (1~8)

1 7+3+2

□+2=□

2 5+5+9

□+9=□

3 3+1+9

3+□=□

4 6+8+2

6+□=□

5 6+7+4

□+7=□

6 3+5+7

□+5=□

7 2+8+1

□+1=□

8 8+9+1

8+□=□

다음 계산을 하시오.(9~18)

9 $1+5+9=$

10 $6+4+9=$

11 $4+5+5=$

12 $2+5+8=$

13 $3+7+1=$

14 $8+7+3=$

15 $4+2+6=$

16 $5+5+3=$

17 $7+8+2=$

18 $9+6+1=$

이름 :

날짜 :

시간 : 시 분 ~ 시 분

다음 □ 안에 알맞은 수를 써넣으시오.(1~6)

1 $9+7$

$9+\square+6$

$\square+6=\square$

2 $5+6$

$1+\square+6$

$1+\square=\square$

3 $7+6$

$7+\square+3$

$\square+3=\square$

4 $4+8$

$2+\square+8$

$2+\square=\square$

5 $8+3$

$8+\square+1$

$\square+1=\square$

6 $6+9$

$5+\square+9$

$5+\square=\square$

다음 □ 안에 알맞은 수를 써넣으시오.(7~12)

7 15−8

15−□−3

□−3=□

8 12−3

10+2−3

10−□+2

□+2=□

9 11−5

11−□−4

□−4=□

10 14−6

10+4−6

10−□+4

□+4=□

11 13−6

13−□−3

□−3=□

12 17−9

10+7−9

10−□+7

□+7=□

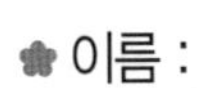

이름 :

날짜 :

시간 : 시 분 ~ 시 분

다음 계산을 하시오.(1~10)

1 $8+6=$

2 $11-9=$

3 $4+7=$

4 $14-5=$

5 $7+5=$

6 $13-7=$

7 $3+9=$

8 $12-9=$

9 $9+8=$

10 $15-6=$

다음 계산을 하시오.(11~20)

11
$$\begin{array}{r} 7 \\ + \ 9 \\ \hline \end{array}$$

12
$$\begin{array}{r} 14 \\ - \ 7 \\ \hline \end{array}$$

13
$$\begin{array}{r} 8 \\ + \ 7 \\ \hline \end{array}$$

14
$$\begin{array}{r} 12 \\ - \ 8 \\ \hline \end{array}$$

15
$$\begin{array}{r} 5 \\ + \ 9 \\ \hline \end{array}$$

16
$$\begin{array}{r} 11 \\ - \ 3 \\ \hline \end{array}$$

17
$$\begin{array}{r} 9 \\ + \ 4 \\ \hline \end{array}$$

18
$$\begin{array}{r} 17 \\ - \ 8 \\ \hline \end{array}$$

19
$$\begin{array}{r} 5 \\ + \ 8 \\ \hline \end{array}$$

20
$$\begin{array}{r} 14 \\ - \ 9 \\ \hline \end{array}$$

이름 :

날짜 :

시간 : 시 분 ~ 시 분

다음 □ 안에 알맞은 수를 써넣으시오.(1~6)

1 $2+9+5=\square$

2 $13-8-3=\square$

3 $8+5+6=\square$

4 $16-7-2=\square$

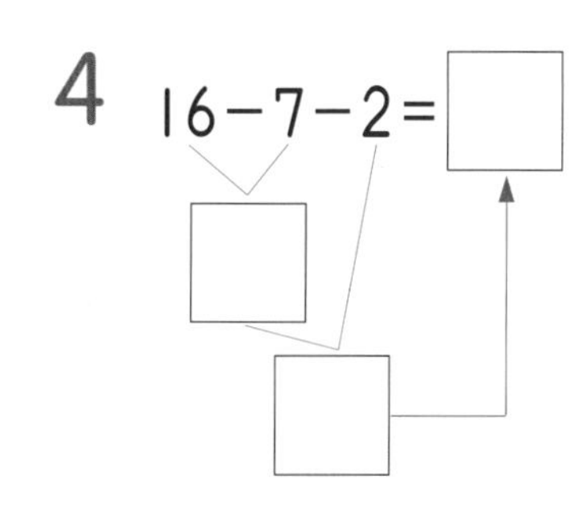

5 $6+6+3=\square$

6 $11-7-4=\square$

확인 학습

다음 계산을 하시오.(7~16)

7 $6+5+2=$

8 $12-7-4=$

9 $5+7+4=$

10 $18-9-6=$

11 $9+3+5=$

12 $13-5-3=$

13 $6+7+1=$

14 $16-8-2=$

15 $7+7+3=$

16 $11-6-1=$

다음 계산을 하시오.(1~10)

1 $8+2+5=$

2 $6+3+7=$

3 $7+4=$

4 $6+8=$

5 $9+6=$

6 $11-8=$

7 $15-7=$

8 $12-6=$

9 $8+4+7=$

10 $13-4-5=$

다음 계산을 하시오.(11~20)

11 $7+8=$

12 $8+8+3=$

13 $6+8+4=$

14 $12-5=$

15 $12-4-6=$

16 $8+9=$

17 $14-8=$

18 $4+5+5=$

19 $9+9=$

20 $11-4=$

이름 :

날짜 :

시간 : 시 분 ~ 시 분

1 세 수의 합을 구하시오.

(1)

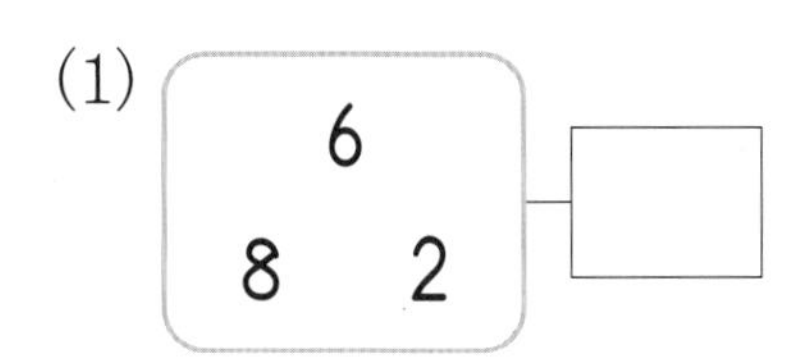

(2)

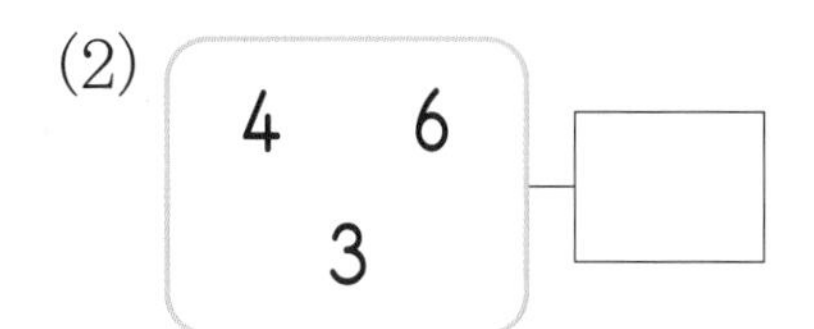

2 빈칸에 알맞은 수를 써넣으시오.

3 ○ 안에 >, =, <를 알맞게 써넣으시오.

(1) 9+2 ○ 6+8

(2) 12−6 ○ 15−9

4 계산한 값이 큰 것부터 차례로 기호를 쓰시오.

㉠ 4+9+2	㉡ 8+3+6	㉢ 11−5−4	㉣ 15−6−5

[답]

5 사과 8개, 배 2개, 귤 4개가 있습니다. 과일은 모두 몇 개 있습니까?

[식] [답]

6 주차장에 자동차 3대가 있습니다. 자동차 8대가 주차장으로 더 들어왔습니다. 지금 주차장에 있는 자동차는 모두 몇 대입니까?

[식] [답]

7 흰 바둑돌이 9개, 검은 바둑돌이 13개 있습니다. 검은 바둑돌은 흰 바둑돌보다 몇 개 더 많습니까?

[식] [답]

8 주머니에 구슬이 16개 있습니다. 이 주머니에서 구슬을 준섭이는 9개, 상희는 5개 꺼냈습니다. 주머니에 남아 있는 구슬은 몇 개입니까?

[식] [답]

❀ 이름 :

❀ 날짜 :

❀ 시간 : 　　시　　분 ~　　시　　분

다음 그림을 보고 식으로 나타내시오.(1~3)

1

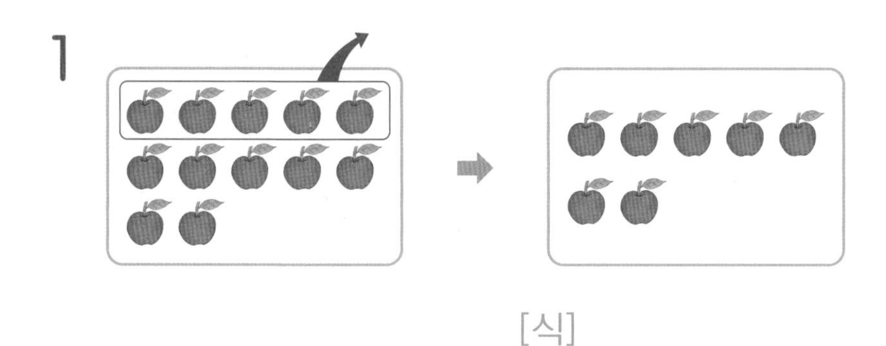

[식]

2

[식]

3

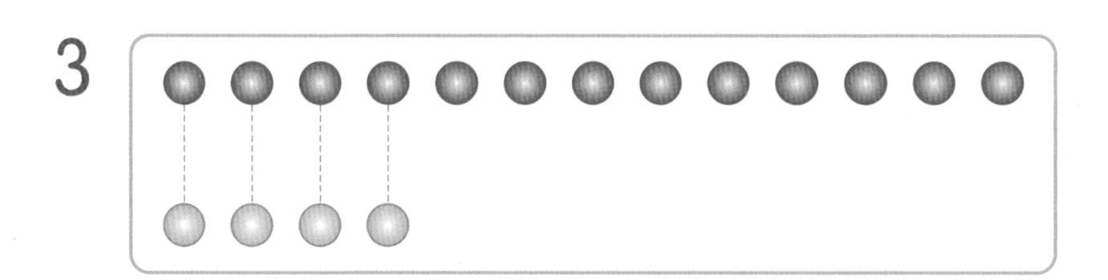

[식]

다음 문제를 읽고 식으로 나타내시오.(4~7)

4 바구니에 사과 10개, 귤 20개가 있습니다. 바구니에 있는 과일은 모두 몇 개입니까?

[식]

5 연못에 오리가 13마리 놀고 있습니다. 이 중에서 3마리가 연못 밖으로 나왔습니다. 연못에는 오리가 몇 마리 남아 있습니까?

[식]

6 경선이네 집에는 강아지가 2마리, 닭이 9마리 있습니다. 경선이네 집에 있는 동물은 모두 몇 마리입니까?

[식]

7 줄넘기를 보람이는 16번 넘었고, 주연이는 7번 넘었습니다. 보람이는 주연이보다 몇 번 더 많이 넘었습니까?

[식]

* 이름 :
* 날짜 :
* 시간 : 시 분 ~ 시 분

다음은 윤희네 반 학생들이 태어난 달을 조사한 것입니다. 그림을 보고 식을 만들어 알아보시오.(1~3)

1 1월과 10월에 태어난 학생은 모두 몇 명입니까?

[식] [답]

2 11월에 태어난 학생은 8월에 태어난 학생보다 몇 명 더 많습니까?

[식] [답]

3 가장 많이 태어난 달과 가장 적게 태어난 달의 학생 수의 차는 몇 명입니까?

[식] [답]

다음 문제를 읽고 식을 만들어 알아보시오.(4~7)

4 원숭이가 바위 위에는 12마리, 나무 위에는 5마리 있습니다. 원숭이는 모두 몇 마리입니까?

[식]　　　　　　　　　　[답]

5 노란색 종이비행기가 13개, 빨간색 종이비행기가 9개 있습니다. 노란색 종이비행기는 빨간색 종이비행기보다 몇 개 더 많습니까?

[식]　　　　　　　　　　[답]

6 동물원에 사자 7마리, 호랑이 7마리, 코끼리 2마리가 있습니다. 동물은 모두 몇 마리입니까?

[식]　　　　　　　　　　[답]

7 14명이 타고 있던 버스에서 첫째 정류장에서 5명이 내리고, 둘째 정류장에서 3명이 내렸습니다. 지금 버스 안에는 몇 명이 타고 있습니까?

[식]　　　　　　　　　　[답]

❀ 이름 :

❀ 날짜 :

❀ 시간 : 시 분 ~ 시 분

다음 그림을 보고 □가 있는 식을 만들고 □의 값을 구하시오.(1~3)

1

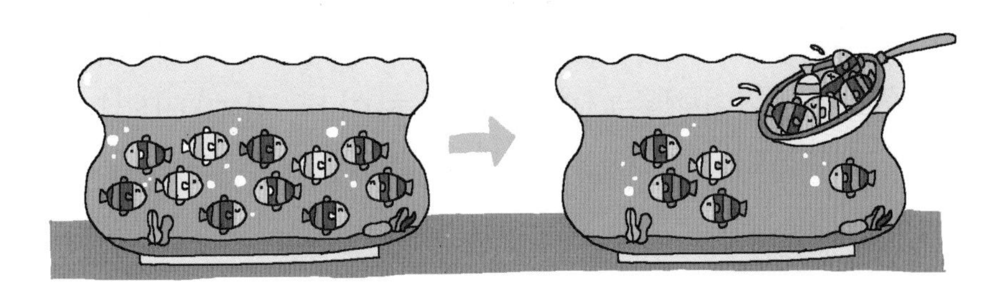

[식] [답]

2

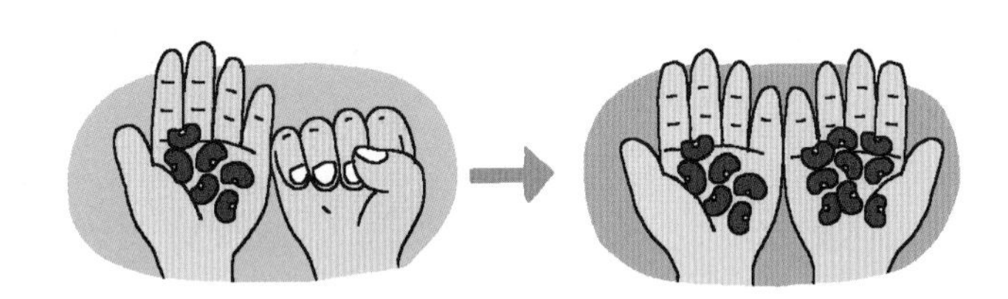

[식] [답]

3

[식] [답]

□를 사용하여 문제에 알맞은 식을 쓰고 □의 값을 구하시오.(4~7)

4 물속에 하마 7마리가 있습니다. 하마 몇 마리가 더 와서 하마는 모두 14마리가 되었습니다. 더 온 하마는 몇 마리입니까?

[식]

[답]

5 필통에 연필 16자루가 있습니다. 그중에서 몇 자루를 친구에게 주었더니 12자루가 되었습니다. 친구에게 준 연필은 몇 자루입니까?

[식]

[답]

6 바구니에 콩 주머니가 몇 개 들어 있습니다. 콩 주머니를 2개 더 넣었더니 11개가 되었습니다. 바구니에 들어 있던 콩 주머니는 몇 개입니까?

[식]

[답]

7 상자에 바나나가 몇 개 들어 있습니다. 그중에서 바나나 6개를 원숭이에게 먹이고 나니 6개가 남았습니다. 상자에는 바나나가 몇 개 들어 있었습니까?

[식]

[답]

이름 :
날짜 :
시간 : 시 분 ~ 시 분

1 농장에 수탉이 8마리, 암탉이 5마리 있습니다. 농장에 있는 닭은 모두 몇 마리인지 그림을 그려서 알아보시오.

(1) 수탉은 ○, 암탉은 △로 나타내시오.

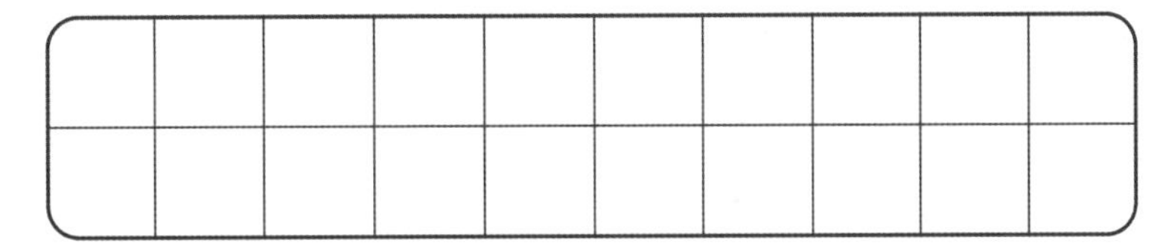

(2) 농장에 있는 닭은 모두 몇 마리입니까?

[답]

2 감나무에 감이 14개 달려 있습니다. 다음 날 6개가 떨어졌다면 남아 있는 감은 몇 개인지 그림을 그려서 알아보시오.

(1) 달려 있던 감은 ○로 나타내고, 떨어진 감은 ／으로 지워서 알아보시오.

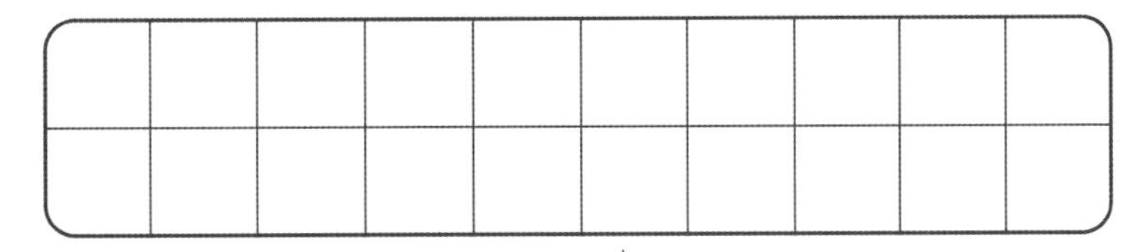

(2) 남아 있는 감은 몇 개입니까?

[답]

3 교실에 18명이 있었습니다. 잠시 후 몇 명이 나가서 12명이 되었습니다. 나간 학생은 몇 명인지 ○를 그려서 알아보시오.

[답]

4 놀이터에서 남학생 8명, 여학생 몇 명이 놀고 있습니다. 놀이터에서 놀고 있는 학생이 모두 11명이라면, 여학생은 몇 명인지 ○를 그려서 알아보시오.

[답]

5 단비는 색종이를 15장 가지고 있습니다. 그중에서 몇 장을 썼더니 9장이 남았습니다. 쓴 색종이는 몇 장인지 ○를 그려서 알아보시오.

[답]

❀이름 :

❀날짜 :

❀시간 : 시 분~ 시 분

확인

1 빨간 구슬 2개와 파란 구슬 1개가 있습니다. 이 구슬 3개를 한 줄로 놓는 방법은 모두 몇 가지인지 알아보시오.

(1) 3개의 구슬을 한 줄로 놓는 순서를 나타낸 것입니다. ○ 안에 알맞게 색을 칠해 보시오.

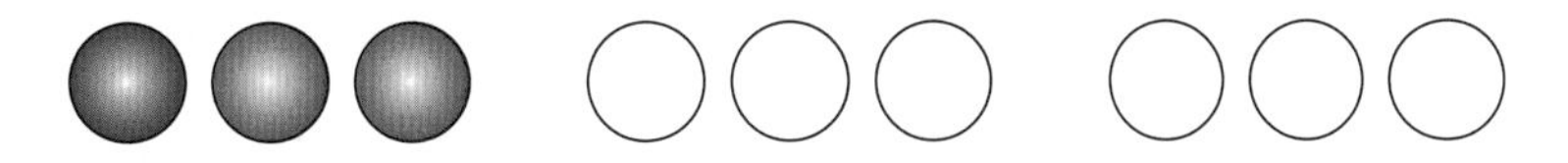

(2) 구슬 3개를 한 줄로 놓는 방법은 모두 [ ] 가지입니다.

2 기호, 민지, 은수가 이어달리기를 하려고 합니다. 3명의 학생이 달리는 순서를 정하는 방법은 모두 몇 가지인지 알아보시오.

(1) 3명의 학생이 달리는 순서를 나타낸 것입니다. 빈칸에 알맞은 이름을 써넣으시오.

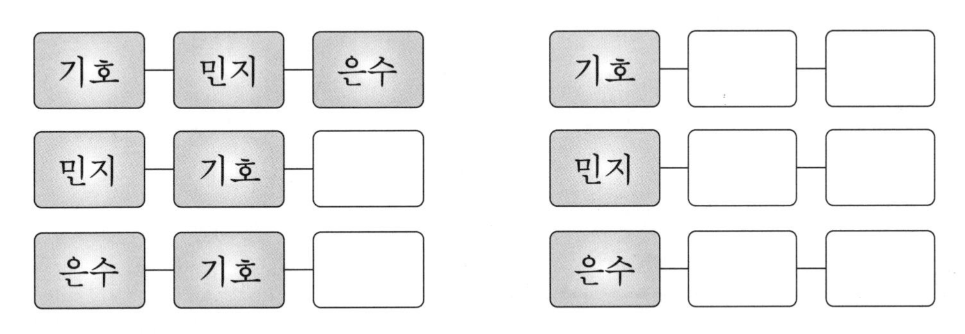

(2) 달리는 순서를 정하는 방법은 모두 [ ] 가지입니다.

3 흰 바둑돌 3개와 검은 바둑돌 1개가 있습니다. 이 바둑돌 4개를 한 줄로 놓으면 모두 몇 가지 모양이 나옵니까?

[답]

4 10원짜리, 50원짜리, 100원짜리 동전이 각각 1개씩 있습니다. 이 동전 3개를 서로 다르게 한 줄로 늘어놓는 방법은 모두 몇 가지입니까?

[답]

5 왼쪽 그림과 같이 점이 4개 있습니다. 점 2개를 선으로 연결하는 방법은 모두 몇 가지입니까?

[답]

6 집 놀이터

집에서 놀이터에 가려고 합니다. 가는 길은 모두 몇 가지입니까?

[답]

이름 :

날짜 :

시간 : 시 분 ~ 시 분

확인

다음 문제를 읽고 식을 만들어 알아보시오.(1~2)

1 남자 어린이 8명과 여자 어린이 9명이 공 놀이를 하고 있습니다. 공 놀이를 하는 어린이는 모두 몇 명입니까?

[식] [답]

2 진희네 반은 남학생이 16명이고, 여학생은 남학생보다 3명 더 적습니다. 여학생은 몇 명입니까?

[식] [답]

□를 사용하여 문제에 알맞은 식을 쓰고 □의 값을 구하시오.(3~4)

3 쟁반에 사과 7개와 배 몇 개가 있습니다. 쟁반에 있는 과일은 모두 13개입니다. 배는 몇 개 있습니까?

[식] [답]

4 지호는 구슬을 몇 개 가지고 있습니다. 친구에게 8개를 주었더니 6개가 남았습니다. 지호가 처음에 가지고 있던 구슬은 몇 개입니까?

[식] [답]

5 미술 시간에 색종이로 꽃을 만들었습니다. 미진이는 11개, 수진이는 8개 만들었습니다. 두 사람이 만든 꽃은 모두 몇 개인지 미진이가 만든 꽃은 ○, 수진이가 만든 꽃은 △를 그려서 알아보시오.

[답]

6 정선이는 크리스마스 카드를 12장 사서 7명의 친구들에게 한 장씩 보냈습니다. 남아 있는 크리스마스 카드는 몇 장인지 산 크리스마스 카드는 ○로 나타내고, 보낸 크리스마스 카드는 ／으로 지워서 알아보시오.

[답]

7 왼쪽 그림과 같이 점이 5개 있습니다. 점 2개를 선으로 연결하는 방법은 모두 몇 가지입니까?

[답]

● 이름 :
● 날짜 :
● 시간 : 시 분 ~ 시 분

창의력 학습

원하는 답이 나오도록 +, − 기호를 넣는 문제입니다. □ 안에 알맞게 +, − 기호를 써넣으시오.

(1) 숫자 7이 나란히 7개 있습니다. □ 안에 +, − 기호를 써넣어서 답이 7이 되게 해 보시오.

7 □ 7 □ 7 □ 7 □ 7 □ 7 □ 7 = 7

(2) 숫자 3이 나란히 8개 있습니다. □ 안에 +, − 기호를 써넣어서 답이 0이 되게 해 보시오.

3 − 3 □ 3 □ 3 □ 3 □ 3 □ 3 □ 3 = 0

(3) 1부터 7까지의 숫자가 섞여 있습니다. □ 안에 +, − 기호를 써넣어서 답이 0이 되게 해 보시오.

1 + 2 □ 3 □ 4 □ 7 − 6 □ 5 = 0

규칙을 정하여 빈 곳에 색칠하여 예쁜 모양을 만들어 보시오.

● 이름 :

● 날짜 :

● 시간 : 시 분 ~ 시 분

1 규칙에 따라 계산하면 ㉮에 알맞은 수는 얼마입니까?

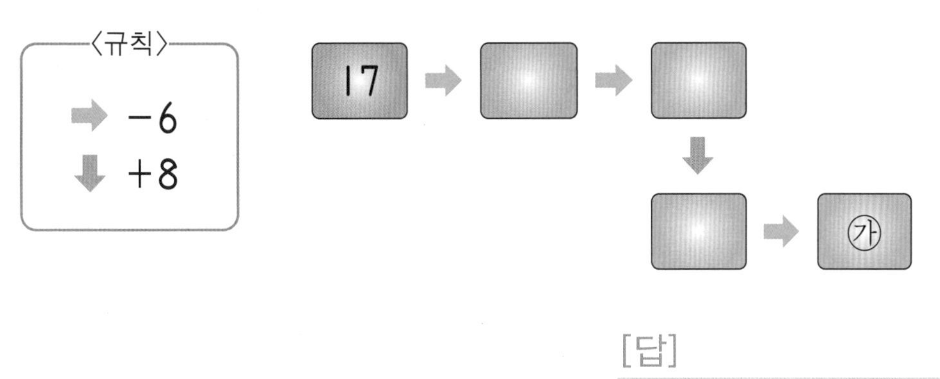

[답]

2 □ 안에 +, − 기호를 알맞게 써넣어서 식을 완성하시오.

(1) 3 □ 8 □ 4 = 15　　(2) 14 □ 9 □ 2 = 3

3 그림과 같은 상자가 있습니다. 이 상자에 7을 넣으면 얼마가 나옵니까?

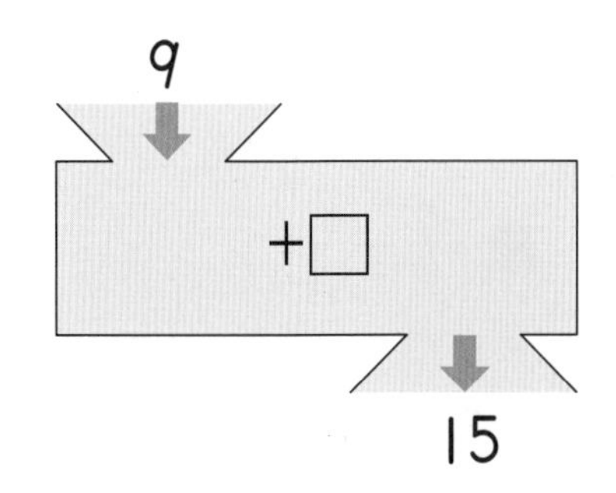

[답]

4 0부터 9까지의 숫자 중에서 □ 안에 들어갈 수 있는 숫자는 모두 몇 개입니까?

$7+7<1\square$

[답]

5 어떤 수에서 5와 3을 모두 빼야 할 것을 모두 더하였더니 19가 되었습니다. 바르게 계산하면 얼마입니까?

[답]

6 두 식을 계산한 값이 같게 하려고 합니다. □ 안에 들어갈 알맞은 수를 구하시오.

$4+7+5$ $9+3+\square$

[답]

7 ●가 나타내는 수를 구하시오.

15−7=★, ★+4+2=■, ■−6−3=●

[답]

□를 사용하여 문제에 알맞은 식을 쓰고 □의 값을 구하시오.(8~9)

8 4에 어떤 수를 더했더니 13이 되었습니다. 어떤 수는 얼마입니까?

[식] [답]

9 어떤 수에서 6을 뺐더니 6이 되었습니다. 어떤 수는 얼마입니까?

[식] [답]

10 체육관에 야구공 9개, 축구공 7개, 농구공 3개가 있습니다. 공은 모두 몇 개인지 그림을 그려서 알아보시오.

[답]

11 흰 바둑돌과 검은 바둑돌이 각각 2개씩 있습니다. 이 바둑돌 4개를 한 줄로 놓았을 때 나오는 모양은 모두 몇 가지입니까?

[답]

12 왼쪽 그림과 같이 점이 4개 있습니다. 점 3개를 선으로 연결하여 세모 모양을 만들 수 있는 방법은 모두 몇 가지입니까?

[답]

13 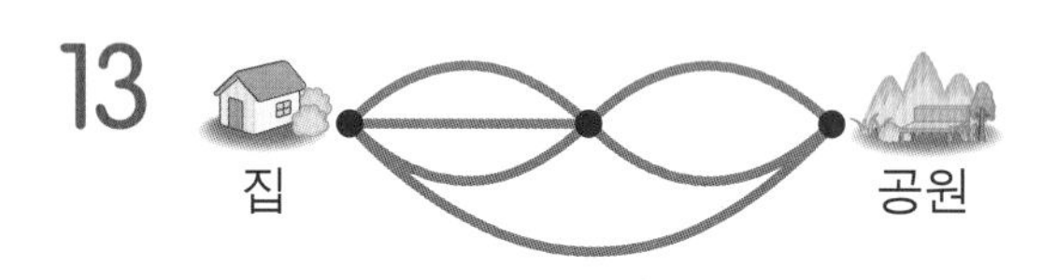

집에서 공원까지 가려고 합니다. 가는 길은 모두 몇 가지입니까?

[답]

14 다음 6장의 숫자 카드 중에서 3장을 사용하여 만들 수 있는 뺄셈식은 모두 몇 가지입니까?

8 6 7 4 13 15

[답]

15 다음 수 중 서로 다른 세 수의 합이 17이 되는 수를 써넣으시오.

1 4 5 7 8 9

□+□+□=17　　□+□+□=17

E6

E346a ~ E360b

학습 관리표

학습 내용		이번 주는?
확인 학습	· 한 학기 동안 학습한 100까지의 수, 여러 가지 모양, 10을 가르기와 모으기, 덧셈과 뺄셈 (1), 시계, 덧셈과 뺄셈 (2), 문제 푸는 방법 찾기의 총정리 · 창의력 학습 · 경시 대회 예상 문제 · 종료 테스트	• 학습 방법 : ① 매일매일 ② 가끔 ③ 한꺼번에 하였습니다. • 학습 태도 : ① 스스로 잘 ② 시켜서 억지로 하였습니다. • 학습 흥미 : ① 재미있게 ② 싫증내며 하였습니다. • 교재 내용 : ① 적합하다고 ② 어렵다고 ③ 쉽다고 하였습니다.

지도 교사가 부모님께	부모님이 지도 교사께

평가	Ⓐ 아주 잘함	Ⓑ 잘함	Ⓒ 보통	Ⓓ 부족함

원(교) 반 이름 전화

기초부터 탄탄하게
G 기탄교육
www.gitan.co.kr / (02)586-1007(대)

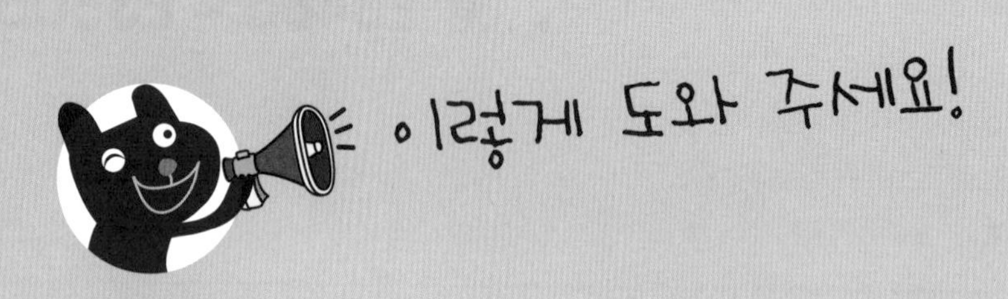

● 학습 목표

- 100까지 수의 이해를 바탕으로 두 자리 수의 범위에서 덧셈과 뺄셈을 익숙하게 할 수 있다.
- 기본적인 평면도형의 모양에 대한 감각을 기를 수 있다.
- 간단한 시각을 읽을 수 있다.
- 덧셈, 뺄셈과 관련 있는 문제를 여러 가지 방법으로 해결할 수 있다.

● 지도 내용

- 100까지의 수를 알고 쓰고 읽을 수 있게 한다.
- 여러 가지 사물을 관찰하여 세모, 네모, 동그라미 모양을 찾아보고, 이들 도형에 대한 감각을 익히게 한다.
- 10을 두 수로 가르기와 10이 되도록 두 수를 모으기를 바탕으로 받아올림과 받아내림이 없는 두 자리 수끼리의 덧셈 · 뺄셈, 합이 10이 넘는 한 자리 수의 덧셈, 받아내림이 있는 (십 몇)−(몇)의 뺄셈을 해 보게 한다.
- '몇 시', '몇 시 30분'의 시각을 읽을 수 있게 한다.
- 식 만들기, 그림 그리기, 실제로 해 보기 등 여러 가지 방법으로 문제를 해결해 보게 한다.

● 지도 요점

수학적 지식과 기능을 활용하여 생활 주변에서 일어나는 여러 가지 문제를 수학적으로 관찰, 분석, 조직, 사고하여 해결할 수 있도록 지도합니다. 그리고 수학에 대한 흥미와 관심을 지속적으로 가지고 수학적 지식과 기능을 활용하여 여러 가지 문제를 합리적으로 해결하는 태도를 기를 수 있도록 지도합니다.
한 학기의 총정리 단계이므로 학습한 내용을 하나하나 되새겨 보는 주로 활용하도록 합니다.

이름 :
날짜 :
시간 : 시 분 ~ 시 분

1 10개씩 묶어 보고 □ 안에 알맞은 수를 써넣으시오.

(1)

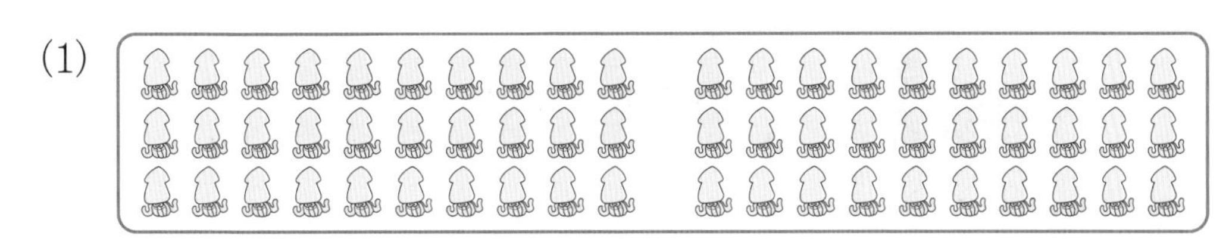

10개씩 □ 묶음이므로 □ 입니다.

(2)

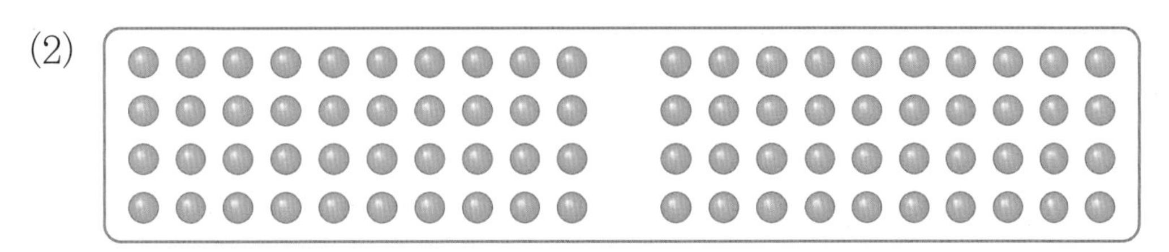

10개씩 □ 묶음이므로 □ 입니다.

2 같은 것끼리 선으로 이으시오.

여든 •	• 60 •	• 칠십
일흔 •	• 70 •	• 육십
아흔 •	• 80 •	• 팔십
예순 •	• 90 •	• 구십

3 그림을 보고 빈칸에 알맞은 수를 써넣으시오.

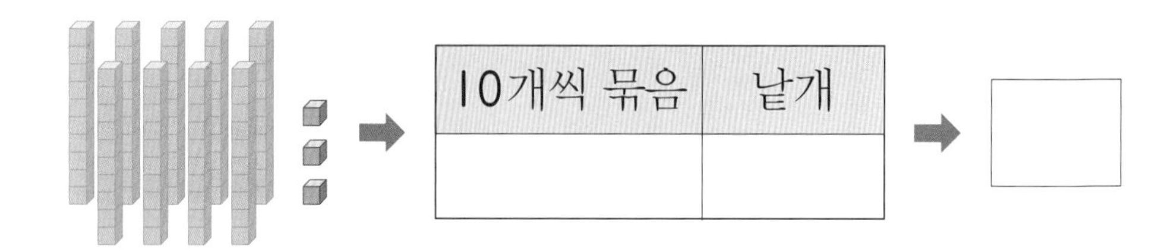

4 □ 안에 알맞은 수를 써넣으시오.

(1) 10개씩 6묶음과 낱개가 7개이면 □ 입니다.

(2) □ 는 10개씩 8묶음과 낱개 5개입니다.

(3) 72는 10개씩 □ 묶음과 낱개 □ 개입니다.

5 수를 두 가지로 읽어 보시오.

(1) 64 (　　　　　　　　　　)

(2) 78 (　　　　　　　　　　)

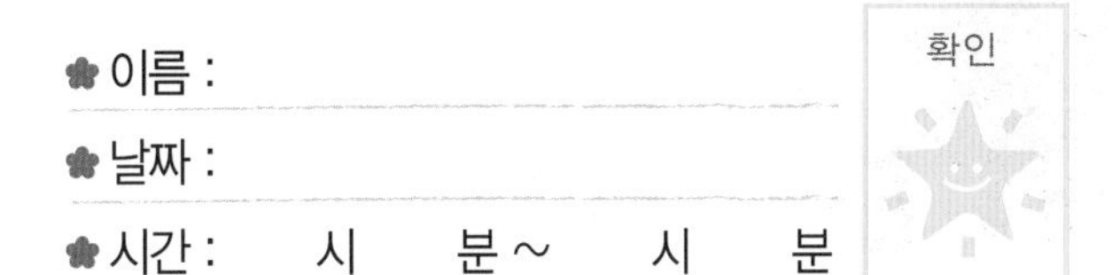

1 빈칸에 알맞은 수를 써넣으시오.

2 □ 안에 알맞은 수를 써넣으시오.

(1) 78과 81 사이에 있는 수는 □, □ 입니다.

(2) 99보다 1 큰 수는 □, 60보다 1 작은 수는 □ 입니다.

3 ○ 안에 >, <를 알맞게 써넣고 바르게 읽으시오.

78 ○ 82　　(　　　　　　　　　　)

4 69보다 크고 74보다 작은 수를 모두 쓰시오.

[답] ______________________

5 수 배열 표에서 색을 칠한 규칙에 따라 나머지 부분에 색칠하시오.

50	51	52	53	54	55	56	57	58	59
60	61	62	63	64	65	66	67	68	69
70	71	72	73	74	75	76	77	78	79
80	81	82	83	84	85	86	87	88	89
90	91	92	93	94	95	96	97	98	99

6 1부터 100까지 쓰여 있는 표의 일부분이 잘렸습니다. 표의 빈칸에 알맞은 수를 써넣으시오.

(1)
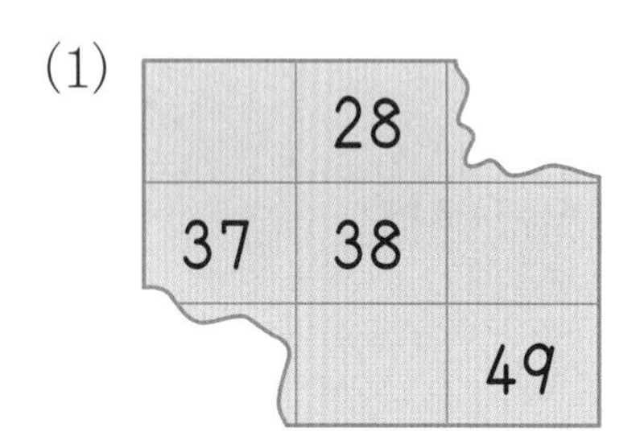

(2)
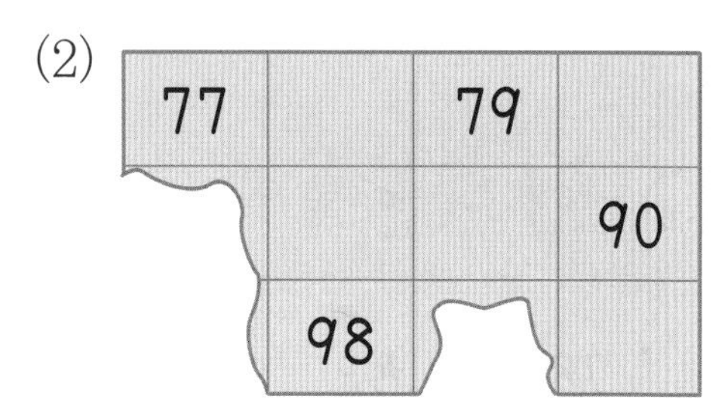

7 규칙에 맞도록 □ 안에 알맞은 수를 써넣으시오.

49 54 59  69  

❀ 이름 :
❀ 날짜 :
❀ 시간 : 시 분 ~ 시 분

1 다음 물건을 종이 위에 대고 그리면 어떤 모양이 나오는지 쓰시오.

(1) 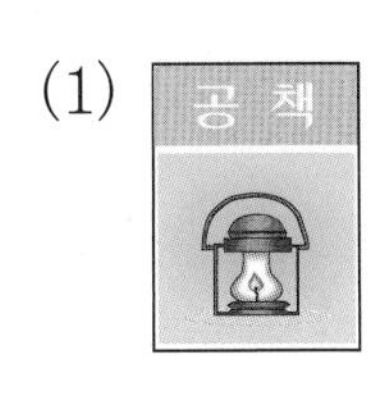

( )

(2) 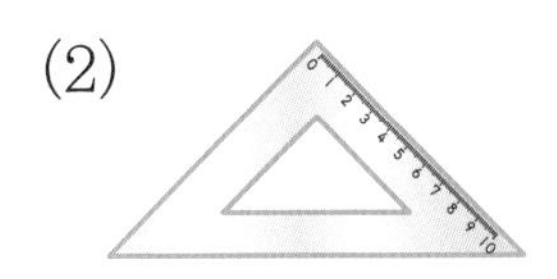
( )

(3) 

( )

2 그림을 보고 알맞은 모양의 기호를 모두 쓰시오.

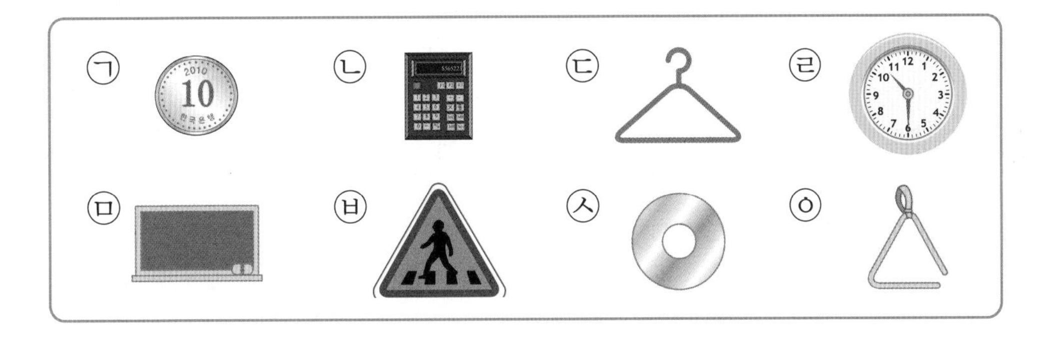

(1) 네모 모양 ( )
(2) 세모 모양 ( )
(3) 동그라미 모양 ( )

3 그림을 보고 네모, 세모, 동그라미 모양의 개수를 각각 쓰시오.

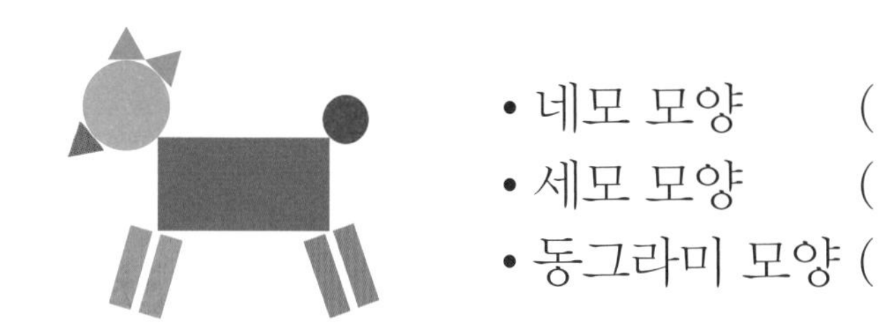

- 네모 모양 (　　　　　　)개
- 세모 모양 (　　　　　　)개
- 동그라미 모양 (　　　　　　)개

4 성냥개비로 다음과 같은 모양을 만들었습니다. 세모 모양은 모두 몇 개 있습니까?

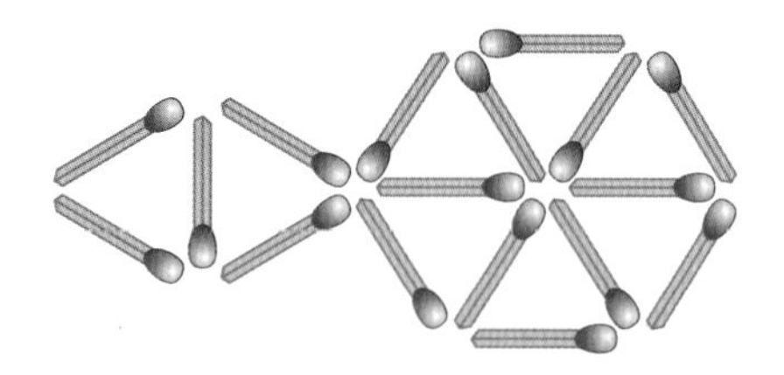

[답]

5 왼쪽과 같은 모양을 오른쪽 점판에 똑같이 그리시오.

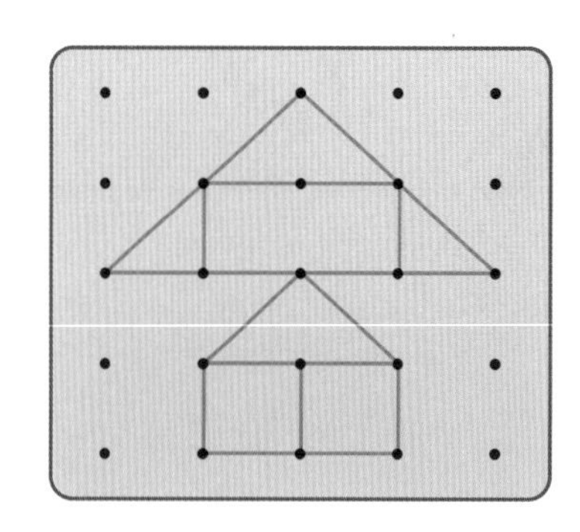

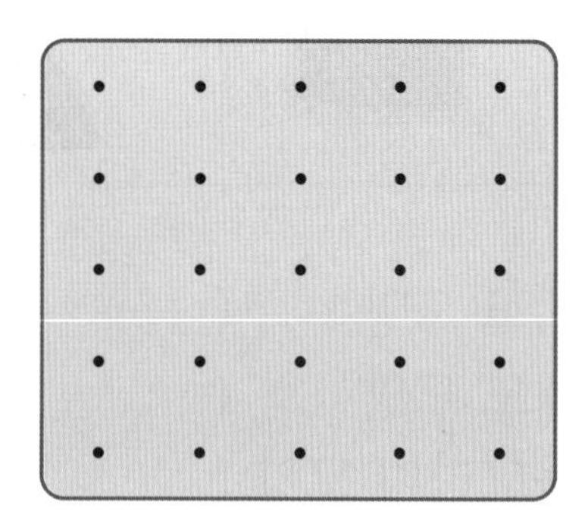

규칙에 따라 □ 안에 알맞은 모양을 그려 보시오.(1~2)

1

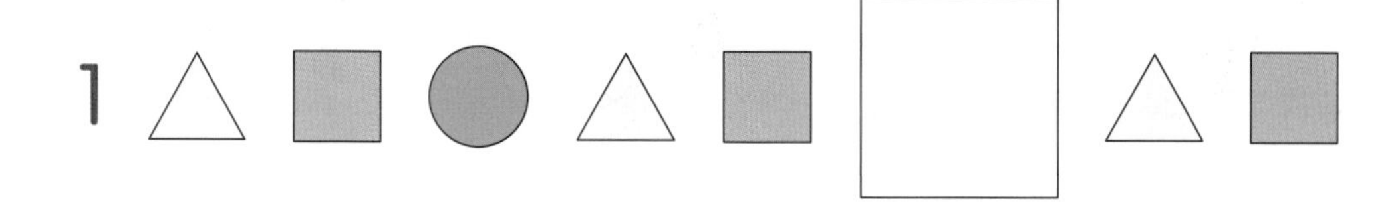

2

규칙에 따라 빈 곳에 색칠을 하시오.(3~4)

3

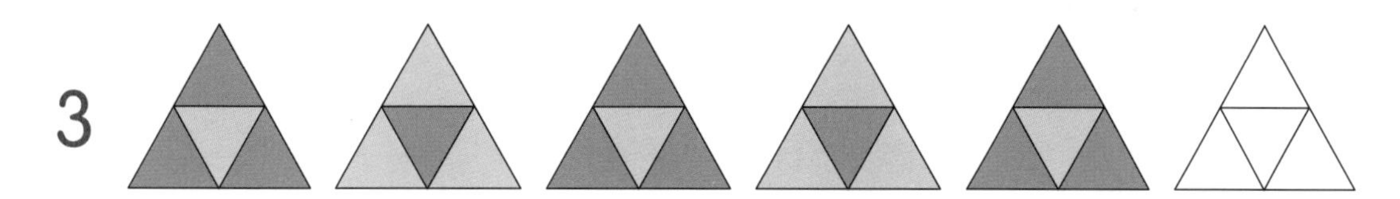

4

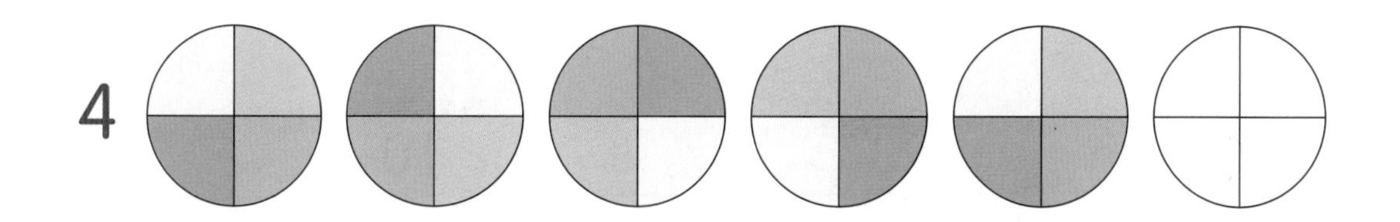

다음 빈칸에 알맞은 수를 써넣으시오.(5~10)

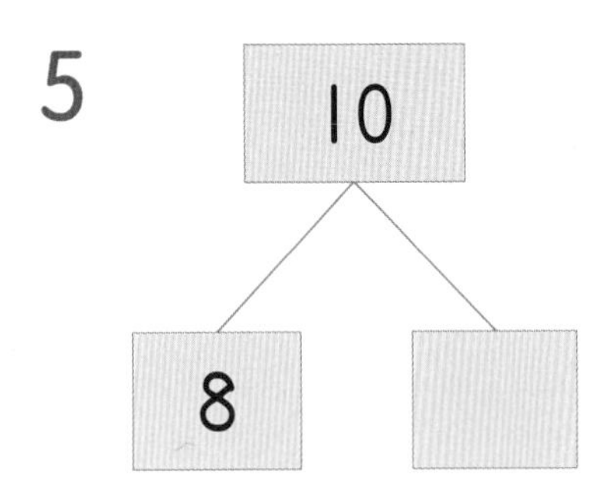

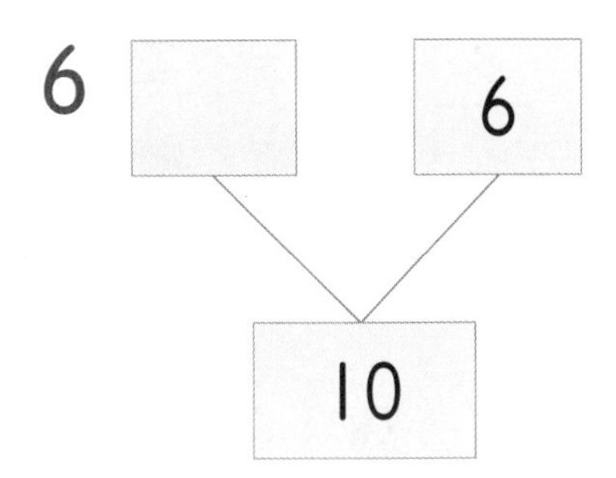

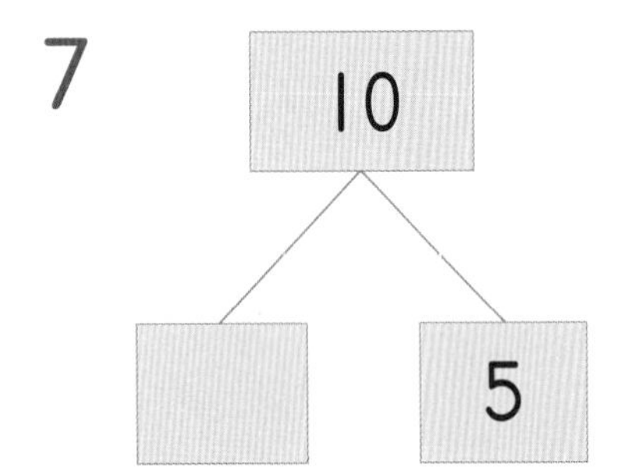

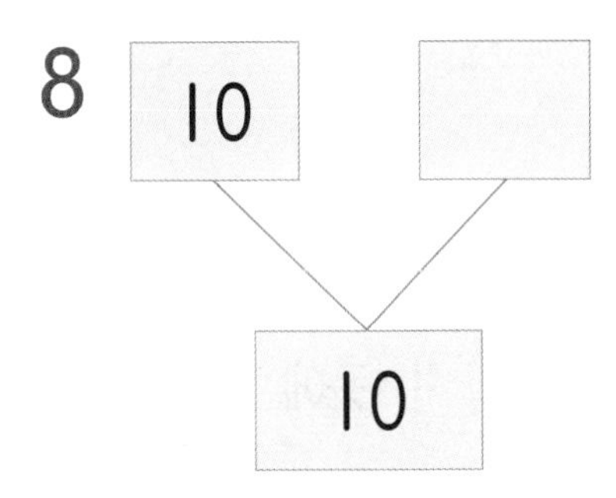

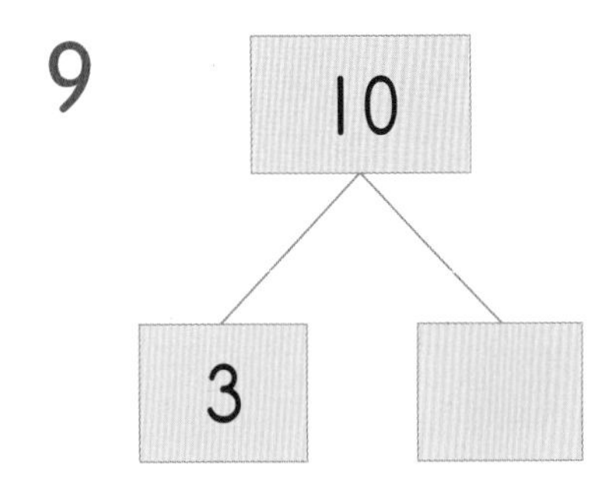

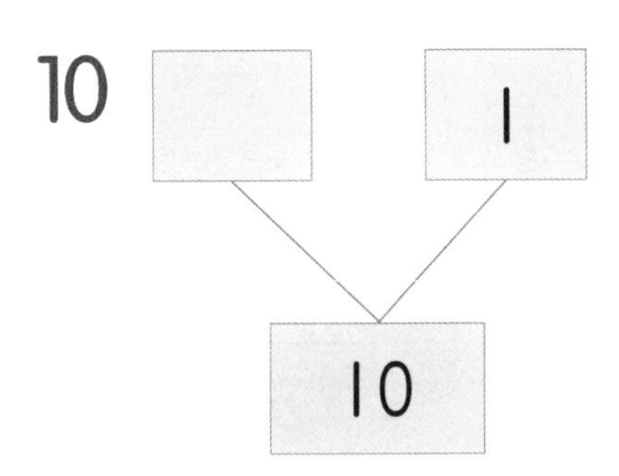

- 이름 :
- 날짜 :
- 시간 : 시 분 ~ 시 분

다음 □ 안에 알맞은 수를 써넣으시오.(1~12)

1 $8+2=\square$

2 $10-1=\square$

3 $5+5=\square$

4 $10-10=\square$

5 $3+7=\square$

6 $10-6=\square$

7 $7+\square=10$

8 $10-\square=6$

9 $\square+8=10$

10 $10-\square=1$

11 $1+\square=10$

12 $10-\square=8$

13 합이 10이 되는 곳을 따라가시오.

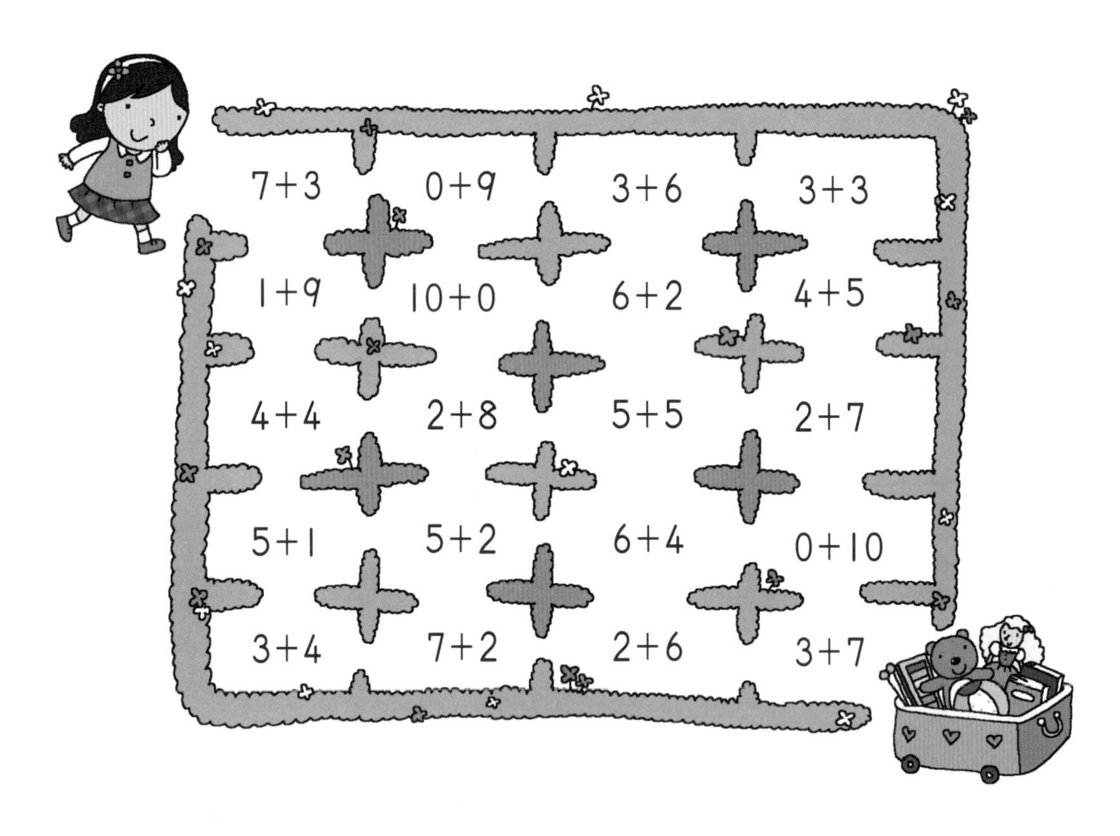

14 구슬 10개를 실에 꿰어 놓았습니다. 그림을 보고 덧셈식과 뺄셈식을 만들어 보시오.

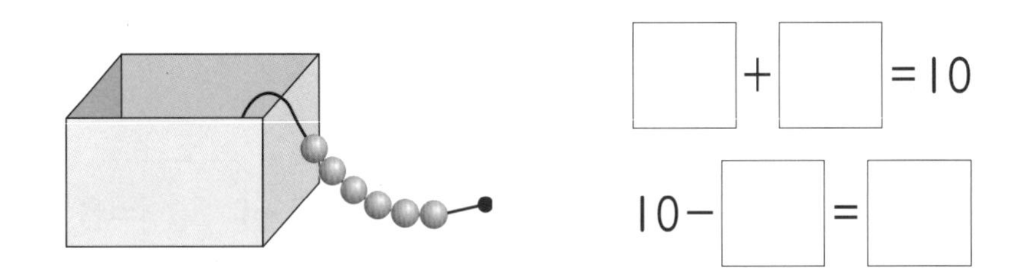

다음 계산을 하시오.(1~10)

1 $7+2-4=$

2 $8-6+5=$

3 $73+2=$

4 $21+25=$

5 $\begin{array}{r} 4 \\ +\ 54 \\ \hline \end{array}$

6 $\begin{array}{r} 32 \\ +\ 64 \\ \hline \end{array}$

7 $36-2=$

8 $98-37=$

9 $\begin{array}{r} 96 \\ -\ 16 \\ \hline \end{array}$

10 $\begin{array}{r} 86 \\ -\ 51 \\ \hline \end{array}$

11 같은 모양에 있는 수끼리의 합을 구하여 같은 모양에 쓰시오.

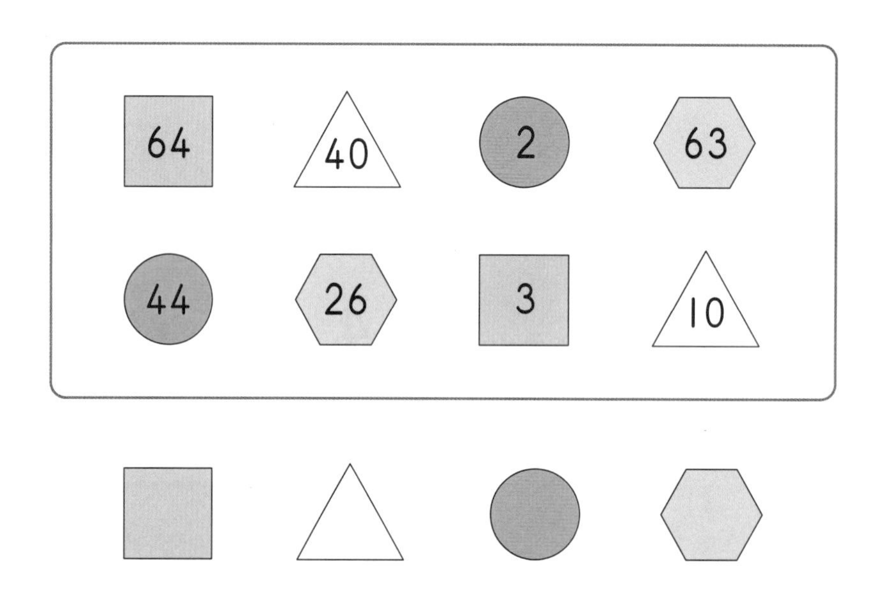

12 같은 모양에 있는 수끼리의 차를 구하여 같은 모양에 쓰시오.

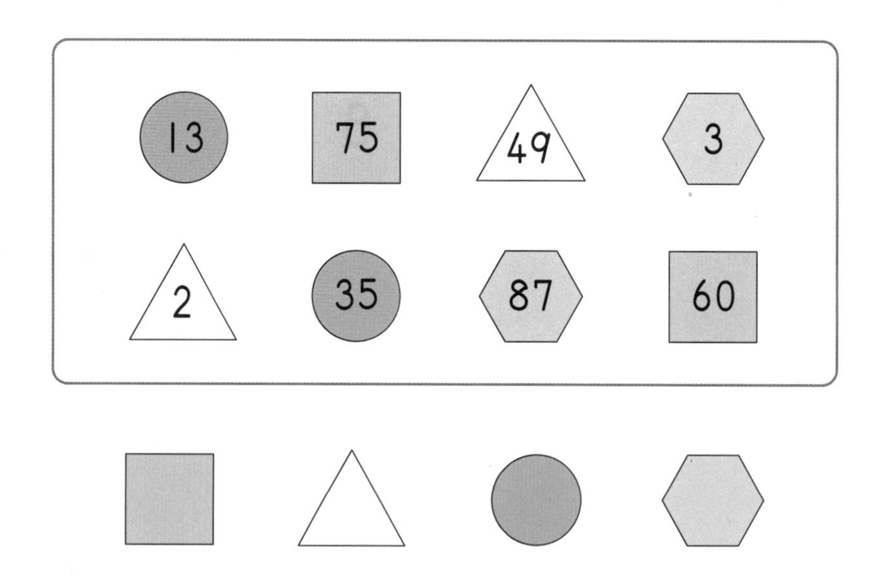

이름 :

날짜 :

시간 : 시 분 ~ 시 분

1 덧셈식을 보고 뺄셈식을 써 보시오.

32+51=83 ➡

2 뺄셈식을 보고 덧셈식을 써 보시오.

45−32=13 ➡

3 정호는 파란 구슬 34개와 빨간 구슬 15개를 가지고 있습니다. 정호가 가지고 있는 구슬은 모두 몇 개입니까?

[식] [답]

4 윤지네 반 학생은 모두 35명입니다. 그중에서 15명이 여학생입니다. 남학생은 몇 명입니까?

[식] [답]

다음 시계를 보고 시각을 말하시오.(5~10)

5

[ ]

6

[ ]

7

[ ]

8

[ ]

9

[ ]

10

[ ]

❀ 이름 :

❀ 날짜 :

❀ 시간 : 시 분 ~ 시 분

다음 시각에 맞게 시곗바늘을 바르게 그려 넣으시오.(1~6)

1

[9시]

2

[2시 30분]

3

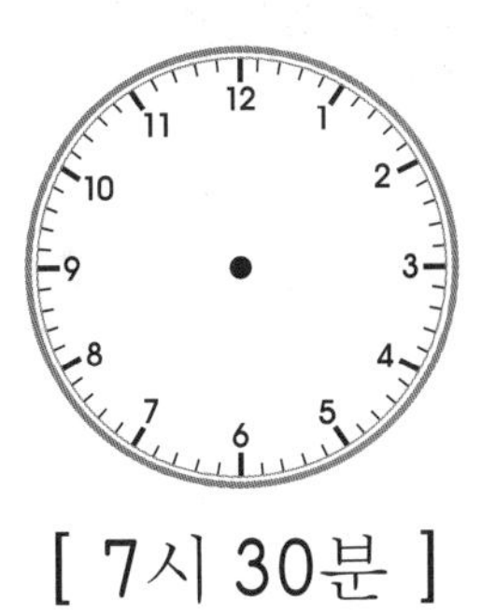

[7시 30분]

4

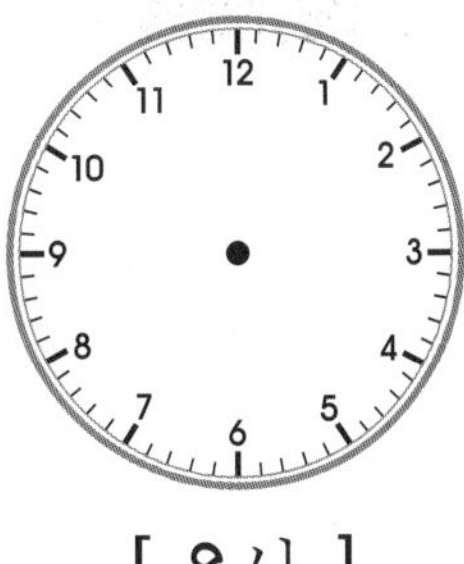

[8시]

5

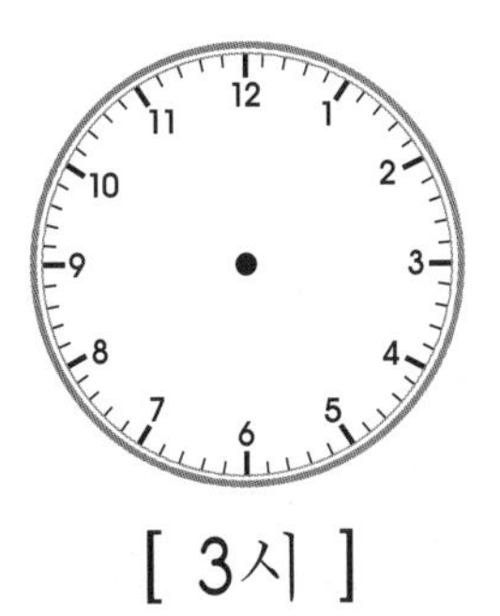

[3시]

6

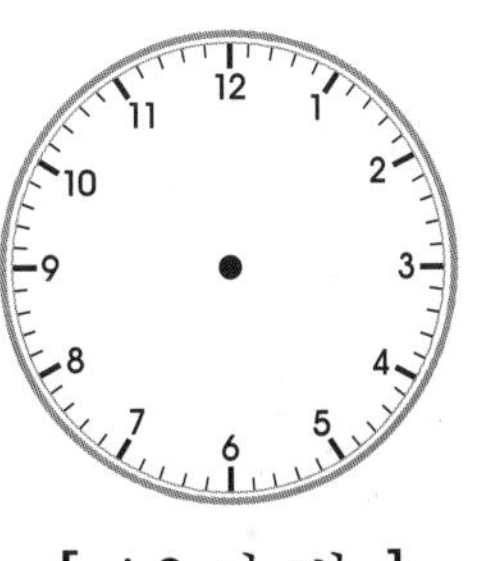

[10시 반]

다음은 희원이가 일요일 낮 동안에 한 일입니다. 물음에 답하시오.(7~9)

7 희원이가 친구들과 놀이터에서 논 시각을 말하시오.

[답] ____________________

8 희원이가 피아노를 친 시각을 말하시오.

[답] ____________________

9 낮 동안에 한 일의 순서대로 그림의 □ 안에 번호를 써넣으시오.

❀ 이름 :

❀ 날짜 :

❀ 시간 : 시 분 ~ 시 분

다음 □ 안에 알맞은 수를 써넣으시오.(1~6)

1

8+5

8+□+3

□+3=□

2

14−6

14−□−2

□−2=□

3

6+9

5+□+9

5+□=□

4

12−7

10+2−7

10−□+2

□+2=□

5

5+6+7=□

□

□

6

17−8−3=□

□

□

다음 계산을 하시오.(7~16)

7 $4+6+3=$

8 $9+7+1=$

9 $5+7=$

10 $9+7=$

11 $6+8=$

12 $15-9=$

13 $11-4=$

14 $12-8=$

15 $7+7+2=$

16 $16-8-5=$

이름 :

날짜 :

시간 : 시 분 ~ 시 분

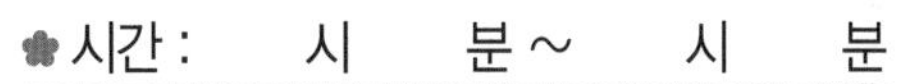

1 빈칸에 알맞은 수를 써넣으시오.

(1)

+	4	6	8
7			

(2)

−	3	6	9
12			

2 빈칸에 알맞은 수를 써넣으시오.

15	−6		+5	

3 세 수의 합이 가장 큰 쪽에 색칠하시오.

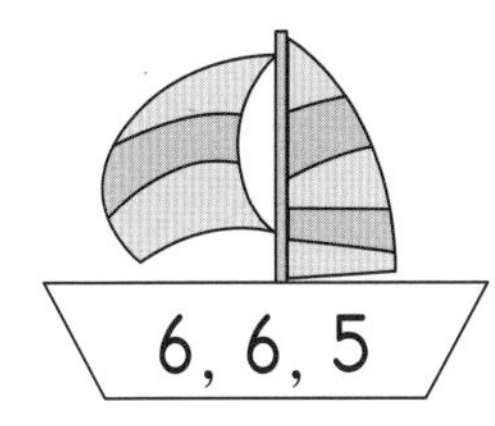

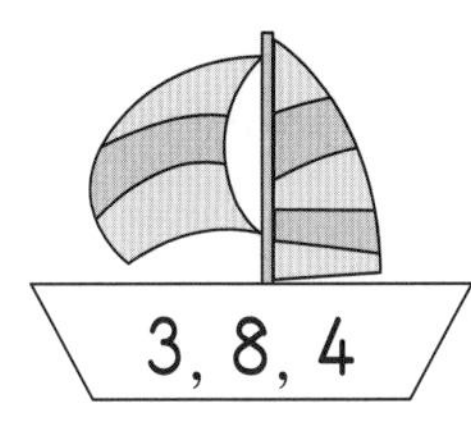

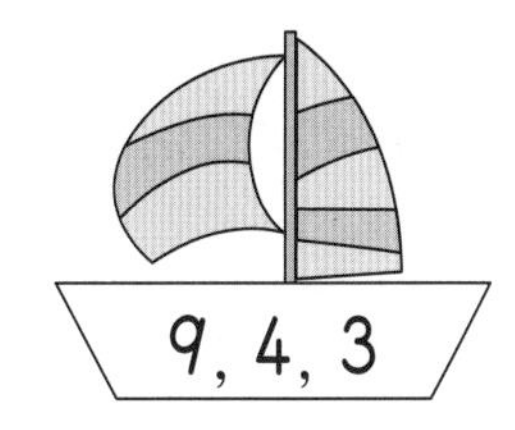

4 ○ 안에 >, =, <를 알맞게 써넣으시오.

(1) $8+8$ ○ $2+9+5$

(2) $13-6$ ○ $18-9-1$

5 연필을 수정이는 4자루, 정희는 8자루 가지고 있습니다. 두 사람이 가지고 있는 연필은 모두 몇 자루입니까?

[식] [답]

6 승준이는 초콜릿을 13개 샀습니다. 그중에서 5개를 동생에게 주었습니다. 승준이에게 남은 초콜릿은 몇 개입니까?

[식] [답]

7 꽃병에 노란 장미 9송이, 흰 장미 5송이, 빨간 장미 4송이가 꽂혀 있습니다. 꽃병에 꽂혀 있는 장미는 모두 몇 송이입니까?

[식] [답]

8 사탕을 언니는 어제 3개, 오늘 9개를 먹었고, 동생은 어제 6개, 오늘 5개를 먹었습니다. 누가 사탕을 몇 개 더 많이 먹었습니까?

[답] ,

❀ 이름 :

❀ 날짜 :

❀ 시간 : 시 분 ~ 시 분

1 그림을 보고 식으로 나타내시오.

(1) 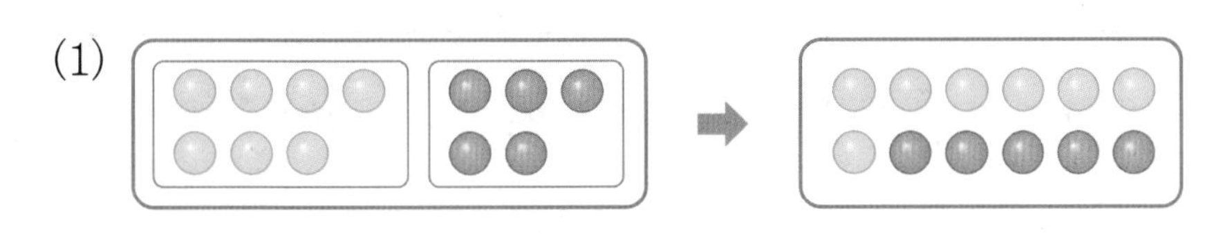

[식]

(2) 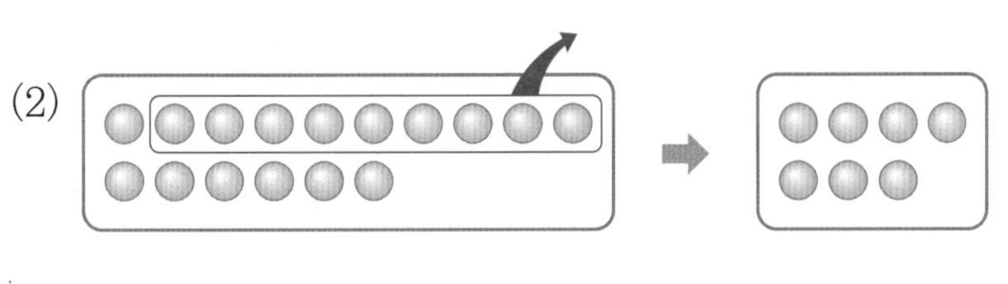

[식]

2 그림을 보고 □가 있는 식으로 나타내시오.

(1) 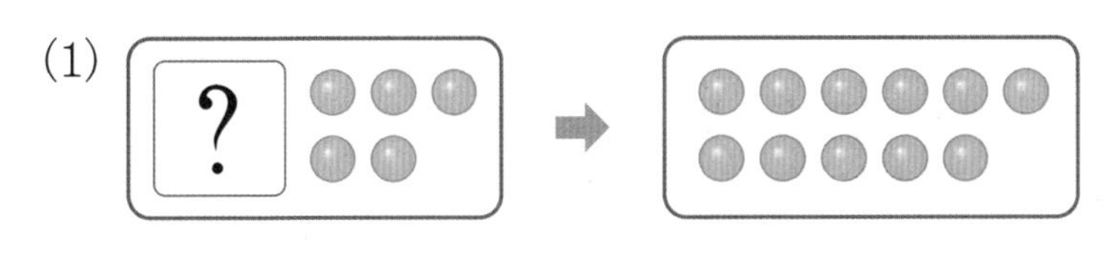

[식]

(2) 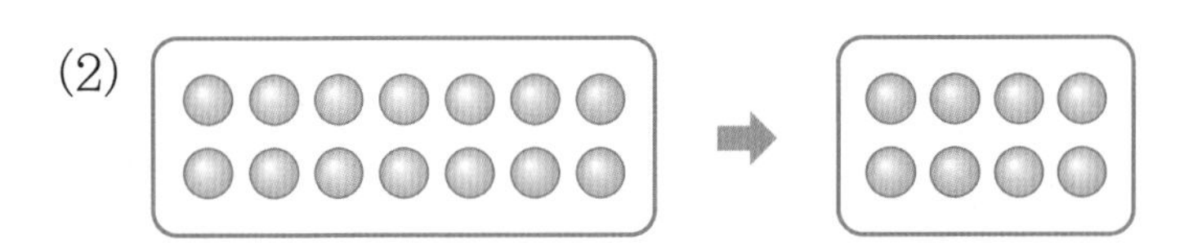

[식]

3 그림을 보고 식을 만들어 알아보시오.

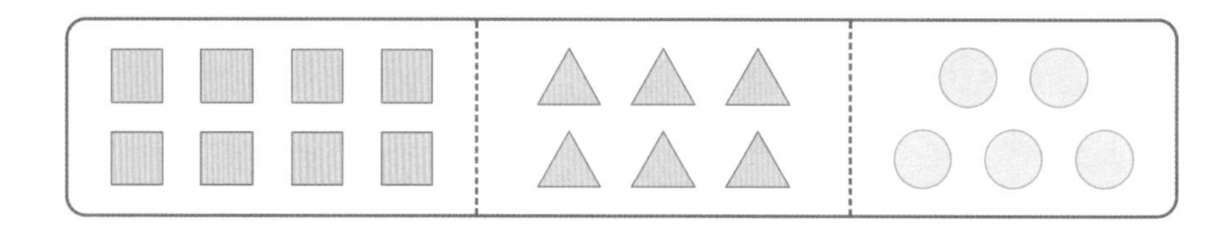

(1) 네모, 세모, 동그라미 모양은 모두 몇 개입니까?

[식] [답]

(2) 네모 모양은 동그라미 모양보다 몇 개 더 많습니까?

[식] [답]

다음 문제를 읽고 식을 만들어 알아보시오.(4~5)

4 딸기 맛 아이스크림 6개와 바나나 맛 아이스크림 7개가 있습니다. 아이스크림은 모두 몇 개 있습니까?

[식] [답]

5 쌓기나무가 14개 있습니다. 쌓기나무 8개로 모양을 만들었습니다. 남은 쌓기나무는 몇 개입니까?

[식] [답]

이름 :

날짜 :

시간 : 시 분 ~ 시 분

확인

□를 사용하여 문제에 알맞은 식을 쓰고 □의 값을 구하시오.(1~4)

1 동화책이 8권 있습니다. 위인전을 몇 권 가져왔더니 책은 모두 13권이 되었습니다. 가져온 위인전은 몇 권입니까?

[식] [답]

2 승민이는 공책을 몇 권 가지고 있습니다. 동생에게 9권을 주었더니 9권이 남았습니다. 승민이가 처음에 가지고 있던 공책은 몇 권입니까?

[식] [답]

3 어떤 수에 4를 더했더니 12가 되었습니다. 어떤 수는 얼마입니까?

[식] [답]

4 15에서 어떤 수를 빼었더니 8이 되었습니다. 어떤 수는 얼마입니까?

[식] [답]

5 토끼 13마리와 돼지 7마리가 있습니다. 토끼는 돼지보다 몇 마리 더 많은지 토끼는 ○, 돼지는 △를 그려서 알아보시오.

[답]

6 원숭이가 바나나를 먹으러 가는 길은 모두 몇 가지입니까?

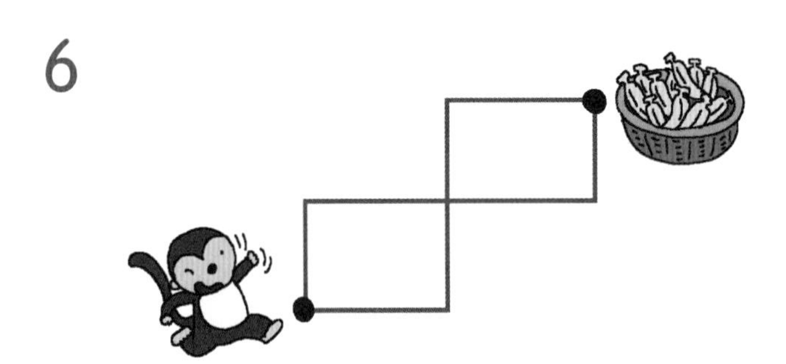

[답]

7 파란 컵, 빨간 컵, 노란 컵이 각각 한 개씩 있습니다. 컵 3개를 한 줄로 놓는 방법은 모두 몇 가지입니까?

[답]

이름 :

날짜 :

시간 : 시 분 ~ 시 분

창의력 학습

색깔이 있는 번호판이 5개 있습니다. 계산을 하여 나온 답이 적혀 있는 번호판의 색깔을 풍선에 칠해 보시오.

13	2	7	9	17

오리와 토끼의 다리를 세어 보았더니 모두 78개였습니다. 그중에서 토끼의 다리는 60개입니다. 오리는 몇 마리 있습니까?

◆ 이름 :

◆ 날짜 :

◆ 시간 : 시 분 ~ 시 분

경시 대회 예상 문제

1 다음에서 설명하는 수를 모두 쓰시오.

- 70보다 크고 90보다 작습니다.
- 10개씩 묶음의 수가 낱개의 수보다 1 작습니다.

[답]

2 1부터 100까지 쓰여 있는 표의 일부분이 잘렸습니다. 표의 ★에 들어갈 알맞은 수를 쓰시오.

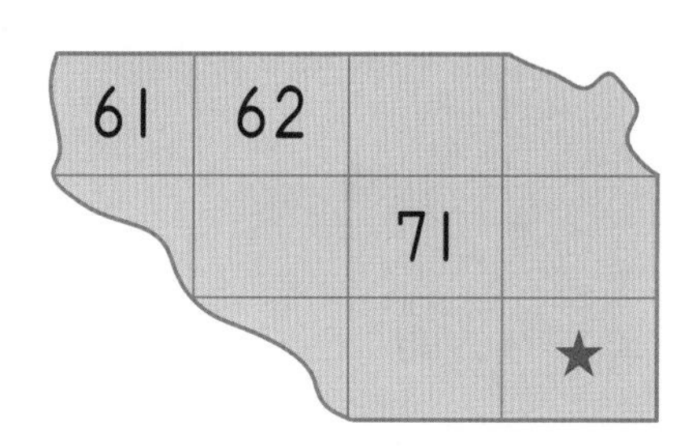

[답]

3

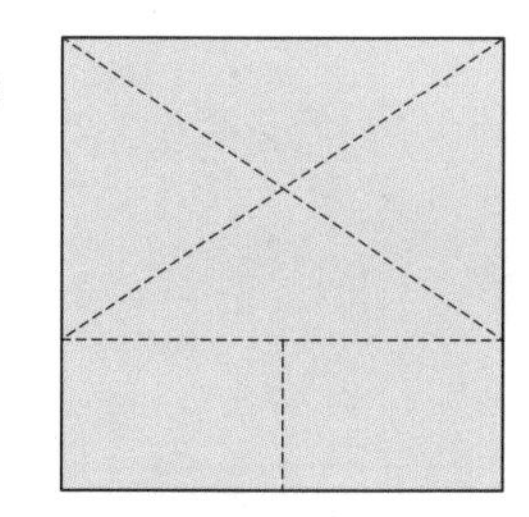

왼쪽 색종이를 점선을 따라 자르면 각각 어떤 모양이 몇 개 나옵니까?

[답]

4 규칙에 따라 빈 곳에 색칠을 하시오.

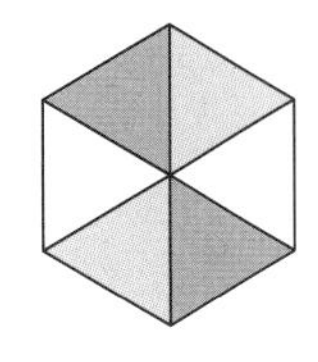 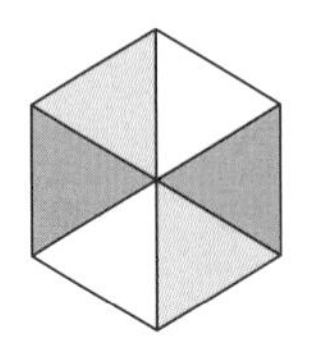 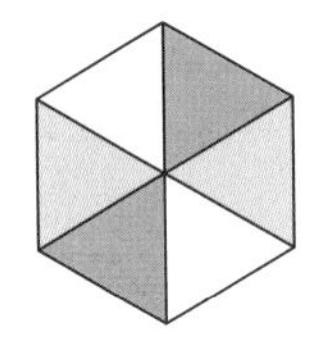 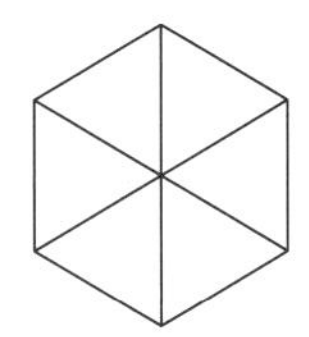 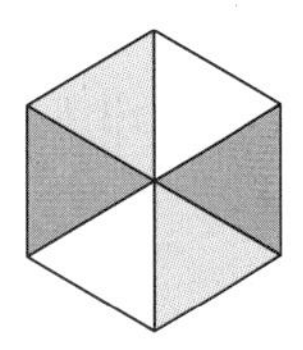

5 □ 안에 들어갈 수가 같은 것끼리 선으로 이으시오.

□+3=10	•	•	10−□=5
5+□=10	•	•	10−□=3
10+0=□	•	•	□−10=0

6 빈칸에 알맞은 수를 써넣으시오.

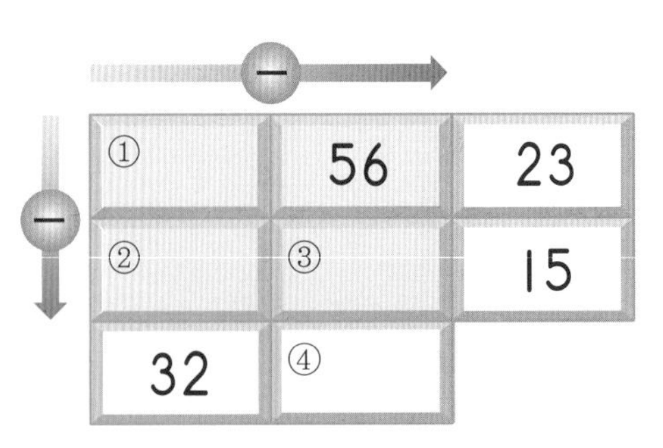

7 □ 안에 알맞은 숫자를 써넣으시오.

8 윤지는 3시 30분에 공부를 시작하여 시계의 긴바늘이 한 바퀴 반을 돌았을 때 끝냈습니다. 윤지가 공부를 시작한 시각과 끝낸 시각을 각각 모형 시계에 나타내시오.

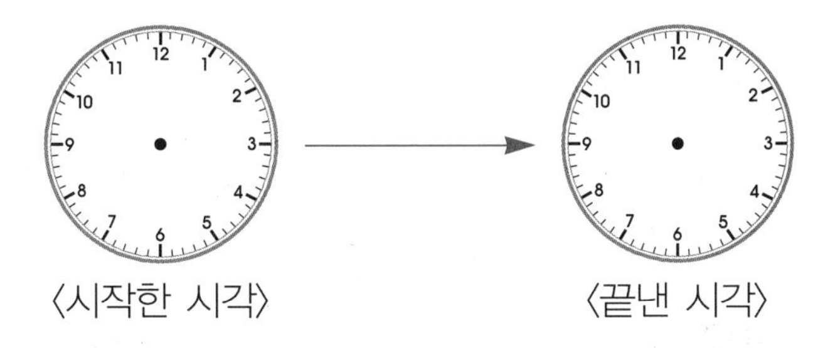

9 규칙에 맞게 시곗바늘을 그려 넣으시오.

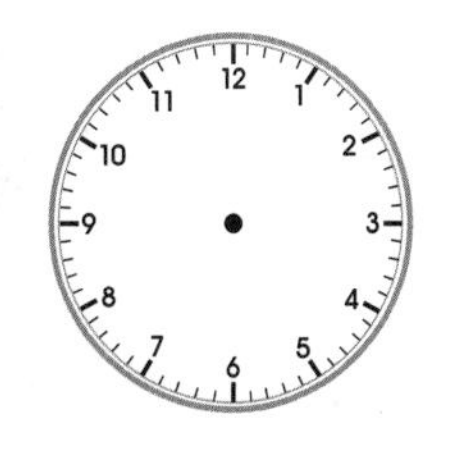

10 숫자와 기호를 모두 사용하여 올바른 식을 만들어 보시오.

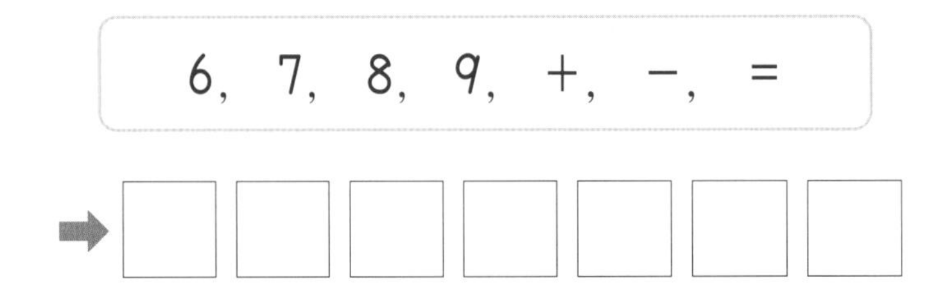

11 빨간 구슬, 파란 구슬, 노란 구슬이 각각 1개씩 있습니다. 이 구슬 3개를 한 줄로 놓는 방법은 모두 몇 가지입니까?

[답]

12 토끼가 거북의 집까지 가장 가까운 길로 갈 수 있는 방법은 모두 몇 가지입니까?

[답]

사고력수학 종료 테스트

E181a~E360b (제한 시간 : 40분)

이름

날짜

정답 수

□ 20~18문항 : Ⓐ 아주 잘함	학습한 교재에 대한 성취도가 매우 높습니다.	➡ 다음 단계인 F①집으로 진행하십시오.
□ 17~15문항 : Ⓑ 잘함	학습한 교재에 대한 성취도가 충분합니다.	➡ 다음 단계인 F①집으로 진행하십시오.
□ 14~12문항 : Ⓒ 보통	다음 단계로 나가는 능력이 약간 부족합니다.	➡ E⑥집을 복습한 다음 F①집으로 진행하십시오.
□ 11문항 이하 : Ⓓ 부족함	다음 단계로 나가기에는 능력이 아주 부족합니다.	➡ E⑥집을 처음부터 다시 학습하십시오.

1. 관계있는 것끼리 선으로 이으시오.

45 •	• 구십삼 •	• 마흔다섯
93 •	• 팔십육 •	• 여든여섯
86 •	• 사십오 •	• 아흔셋

2. 다음을 읽어 보시오.

58 > 36

[답]

다음 그림을 보고 물음에 답하시오.(3~4)

3. 네모 모양은 모두 몇 개입니까?

[답]

4. 동그라미 모양은 세모 모양보다 몇 개 더 많습니까?

[답]

5. 빈칸에 들어갈 수가 가장 큰 것은 어느 것입니까?

①
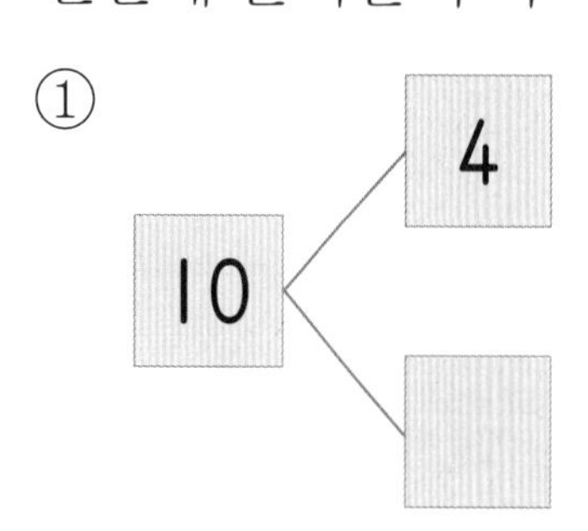

②
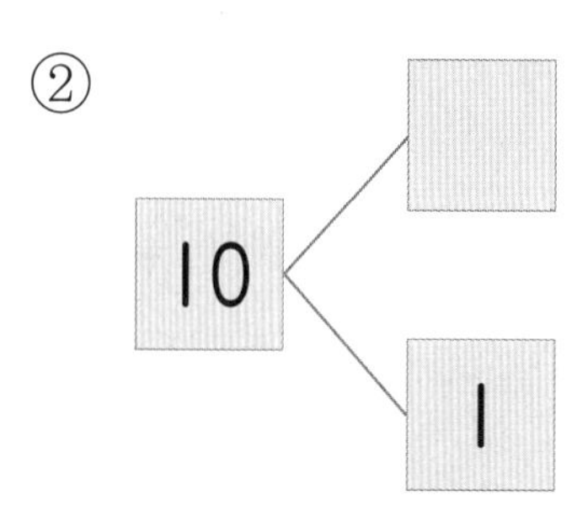

③
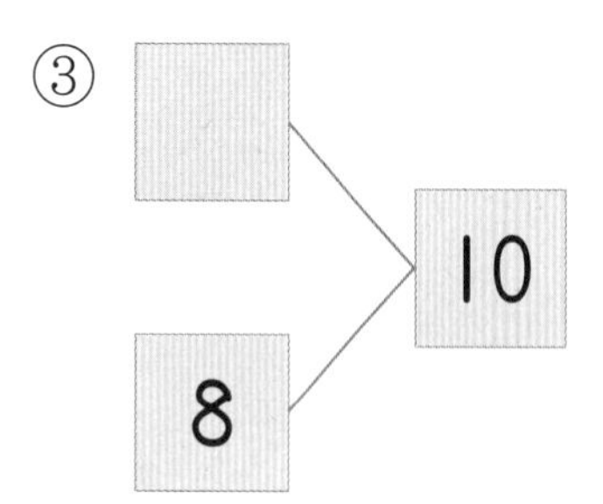

④
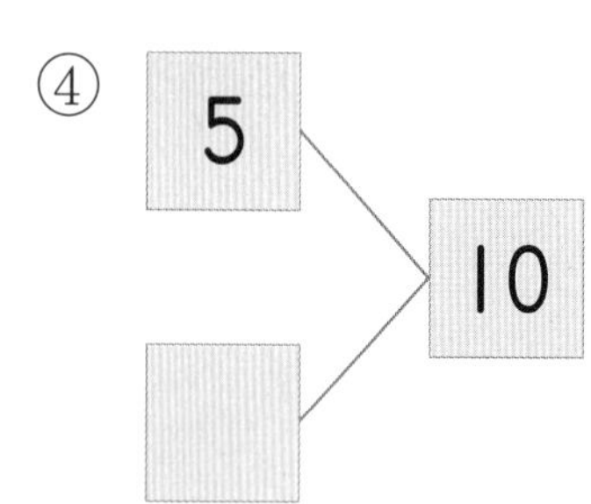

6. □ 안에 알맞은 수를 써넣으시오.

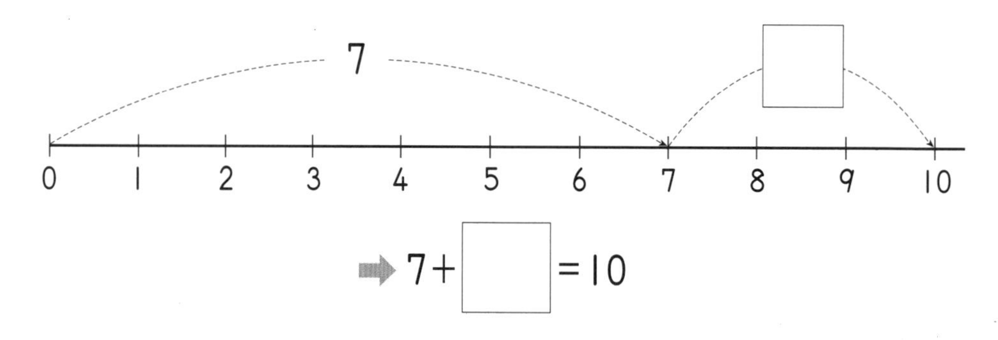

➡ 7+□=10

7. □ 안에 알맞은 수를 써넣으시오.

(1) 6+□=10 (2) □−5=5

8. 사과 10개를 동생과 나누어 가지려고 합니다. 내가 동생보다 2개 더 많이 가지려면, 동생은 몇 개를 가지면 됩니까?

[답] ____________________

9. □ 안에 들어갈 숫자가 나머지와 다른 하나는 어느 것입니까?

① $\begin{array}{r} 5\ \square \\ +\ 2\ 1 \\ \hline 7\ 8 \end{array}$
② $\begin{array}{r} \square\ 9 \\ -\ 4\ 5 \\ \hline 3\ 4 \end{array}$
③ $\begin{array}{r} 9\ 8 \\ -\ 5\ \square \\ \hline 4\ 1 \end{array}$

④ $\begin{array}{r} 1\ 7 \\ +\ \square\ 2 \\ \hline 8\ 9 \end{array}$
⑤ $\begin{array}{r} \square\ 1 \\ +\ 1\ 8 \\ \hline 7\ 9 \end{array}$

10. 빈칸에 알맞은 수를 써넣으시오.

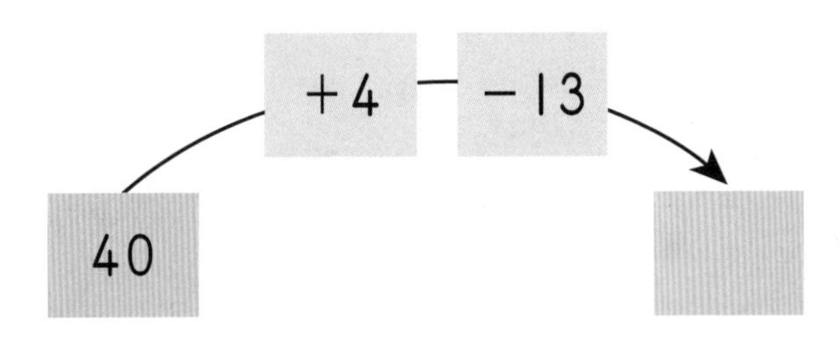

11. 다음이 설명하는 시각을 바르게 나타낸 것은 어느 것입니까?

• 시계의 긴바늘은 숫자 12를 가리킵니다.
• 시계의 짧은바늘은 숫자 7을 가리킵니다.

①
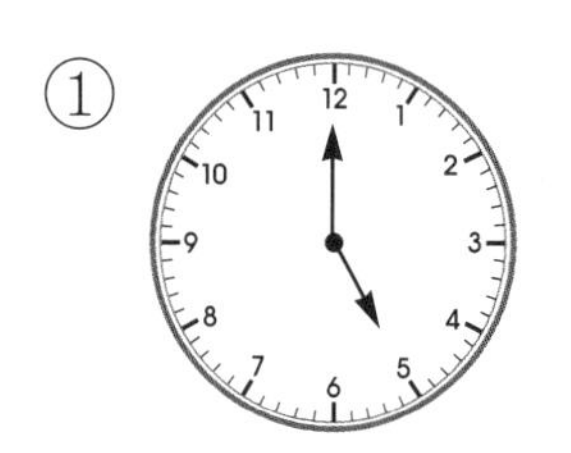

②

③
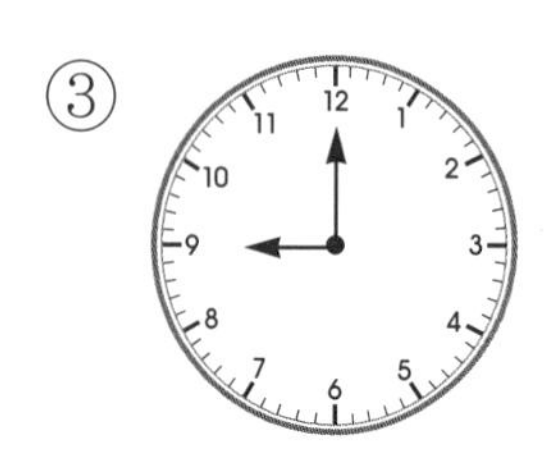

④
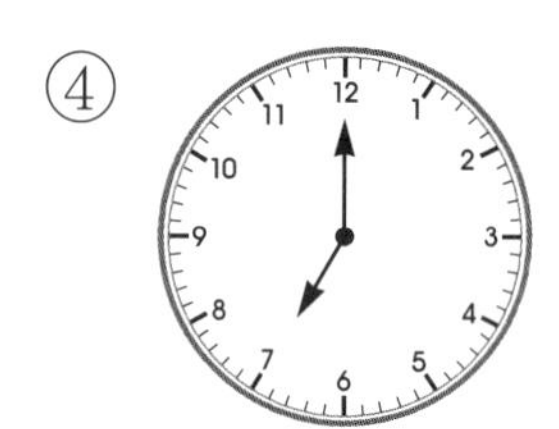

12. 다음 시각 중에서 시곗바늘이 숫자 6을 가리키지 않는 것은 어느 것입니까?

① 6시 ② 3시 30분 ③ 6시 30분
④ 9시 30분 ⑤ 11시

13. □ 안에 알맞은 수를 써넣으시오.

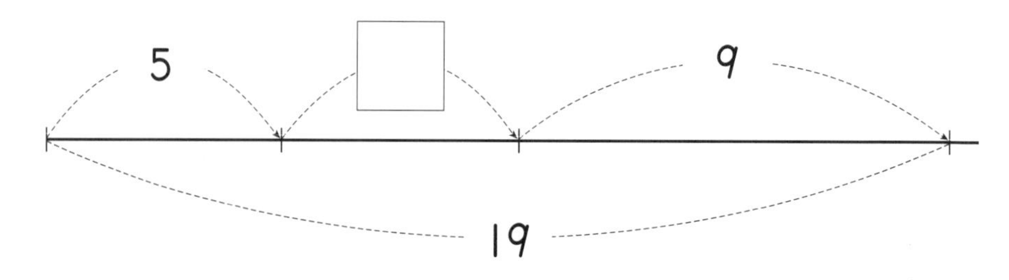

14. 빈 곳에 알맞은 수를 써넣으시오.

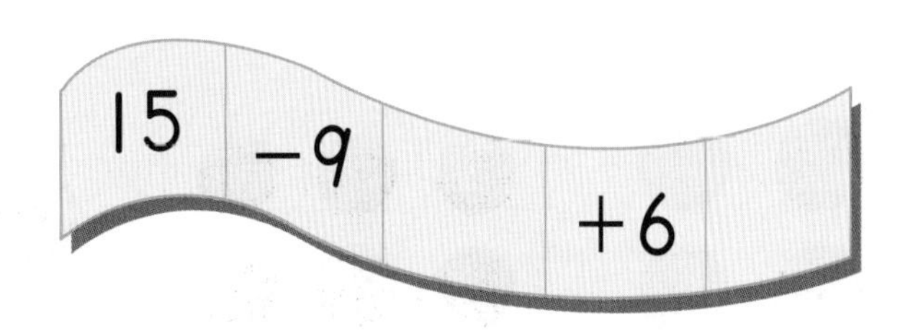

다음은 미숙이가 일주일 동안 읽은 동화책의 쪽수입니다. 물음에 답하시오. (15~16)

요일	월	화	수	목	금	토	일
쪽수(쪽)	9	7	6	5	10	18	20

15. 토요일에는 월요일보다 몇 쪽 더 많이 읽었습니까?

[식]　　　　　　　　　　[답]

16. 화요일, 수요일, 목요일에 읽은 쪽수는 모두 몇 쪽입니까?

[식]　　　　　　　　　　[답]

17. △가 4일 때, ☆은 얼마입니까?

△+△+△=○,　　○+△=☆

[답]

18. 그림을 보고 공은 모두 몇 개인지 식을 만들어 알아보시오.

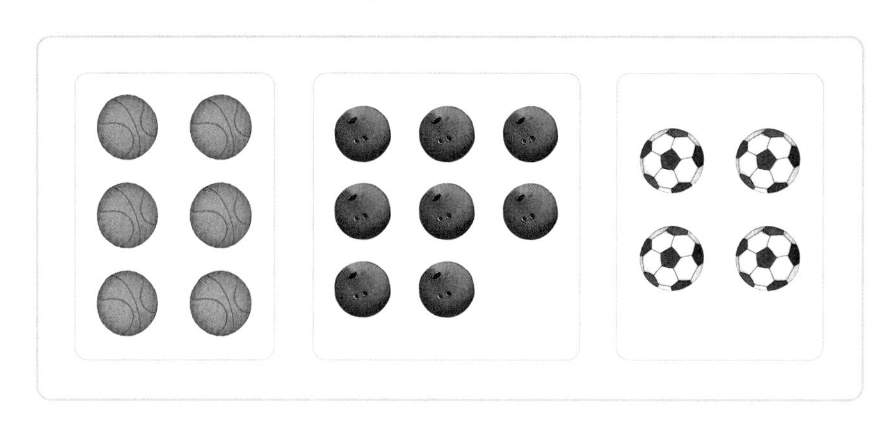

[식]　　　　　　　　　　　　　　　　　　　　[답]

19. 종호, 세정, 영민이는 종이학을 접고 있습니다. 종호는 7개, 세정이는 8개 접었습니다. 세 사람이 접은 종이학은 모두 28개입니다. 영민이가 접은 종이학은 몇 개인지 □가 있는 식을 만들어 알아보시오.

[식]　　　　　　　　　　　　　　　　　　　　[답]

20. 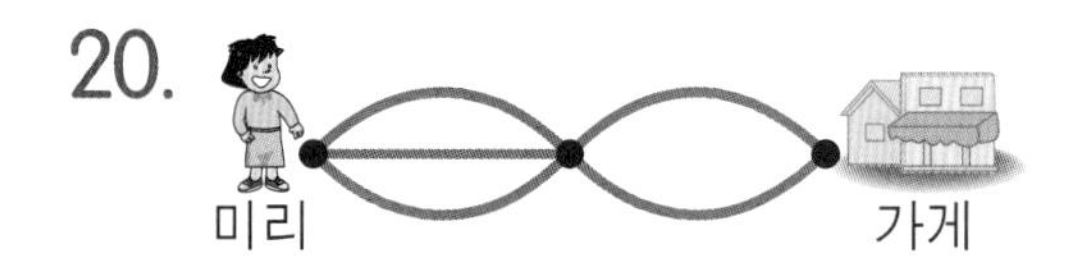

미리가 엄마 심부름으로 가게에 가려고 합니다. 가게에 가는 길은 모두 몇 가지입니까?

[답]

301a 1. 10, 13 2. 10, 12

301b 3. (1, 9), 10, 17
4. (8, 2), 10, 13
5. (6, 4), 10, 11
6. (5, 5), 10, 18
7. (9, 1), 10, 14
8. (3, 7), 10, 19

302a 1. 10, 12 2. 10, 17
3. 10, 16 4. 10, 19
5. 10, 18 6. 10, 15
7. 10, 11 8. 10, 13

302b 9. 15 10. 17 11. 12
12. 14 13. 16 14. 12
15. 19 16. 18 17. 11
18. 13

303a 1. 1, 1, 11 2. 2, 10, 14

303b 3. 3, 3, 13 4. 2, 10, 15
5. 3, 3, 13 6. 1, 10, 16
7. 1, 1, 11 8. 4, 10, 12

304a 1. 3, 3, 13 2. 2, 10, 11

304b 3. 4, 4, 14 4. 1, 10, 11
5. 5, 5, 15 6. 3, 10, 12
7. 1, 1, 11 8. 2, 10, 16

305a 1. 11 2. 15 3. 13
4. 13 5. 17 6. 14
7. 12 8. 11 9. 12
10. 16

305b 11. 11 12. 13 13. 15
14. 17 15. 11 16. 12
17. 14 18. 12 19. 14
20. 13

306a 1. 5, 5, 5 2. 2, 10, 8

306b 3. 7, 7, 3 4. 4, 10, 7
5. 1, 1, 9 6. 5, 10, 6
7. 2, 2, 8 8. 6, 10, 9

307a 1. 2, 2, 7 2. 4, 6, 9

307b 3. 3, 3, 4 4. 8, 2, 7
5. 1, 1, 8 6. 9, 1, 9
7. 4, 4, 9 8. 6, 4, 5

308a 1. 2 2. 8 3. 9
4. 7 5. 8 6. 4
7. 8 8. 3 9. 6
10. 5

308b 11. 7 12. 8 13. 6
14. 9 15. 9 16. 5
17. 4 18. 8 19. 6
20. 7

309a 1. (15, 19), (15, 15, 19)

309b 2. (9, 7), (9, 9, 7)

310a 1. 12, 17, 17 2. 7, 2, 2
3. 13, 16, 16 4. 6, 4, 4
5. 18, 19, 19 6. 9, 6, 6

310b 7. 14 8. 5 9. 15
10. 0 11. 18 12. 1
13. 18 14. 2 15. 16
16. 3

311a 1. 15 2. 16 3. 11
4. 14 5. 13 6. 6
7. 3 8. 8 9. 15
10. 3

311b 11. (1) (8, 2), 14 (2) (5, 5), 17
12. 8+4, 5+7
13. 11−4, 16−9
14. (1) < (2) >

312a 1. (1) (시계 방향으로) 18, 16, 17
(2) (시계 방향으로) 3, 8, 5
2. ㉡, ㉠, ㉣, ㉢
3. (1) 16 (2) 5

312b 4. [식] 4+5+6=15 [답] 15개
5. [식] 6+9=15 [답] 15명
6. [식] 12−4=8 [답] 8개
7. [식] 11−5−2=4 [답] 4마리

313a 창의력 학습
2+9=3+8=4+7=5+6
3+9=4+8=5+7=6+6
4+9=5+8=6+7
5+9=6+8=7+7
6+9=7+8
7+9=8+8
8+9
9+9
두 수의 위치가 바뀌어도 상관 없습니다.

313b 창의력 학습
15−7=17−9
14−3=8+3
7+8=6+9

314a 경시 대회 예상 문제
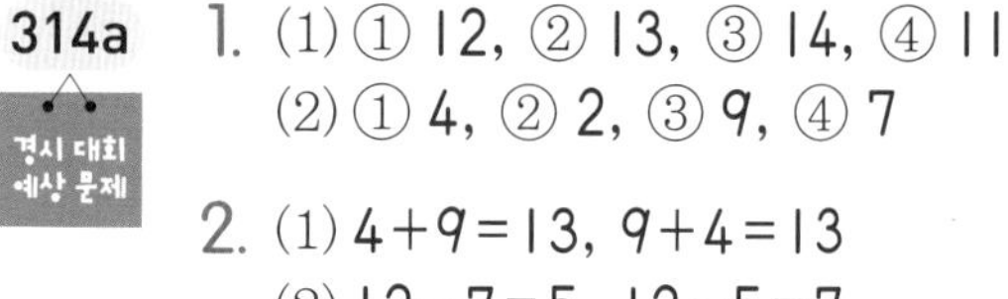
1. (1) ① 12, ② 13, ③ 14, ④ 11
(2) ① 4, ② 2, ③ 9, ④ 7
2. (1) 4+9=13, 9+4=13
(2) 12−7=5, 12−5=7
(3) 18−4−5=9, 18−5−4=9
18−4−9=5, 18−9−4=5
18−5−9=4, 18−9−5=4

314b 경시 대회 예상 문제
3. ①
4. 예
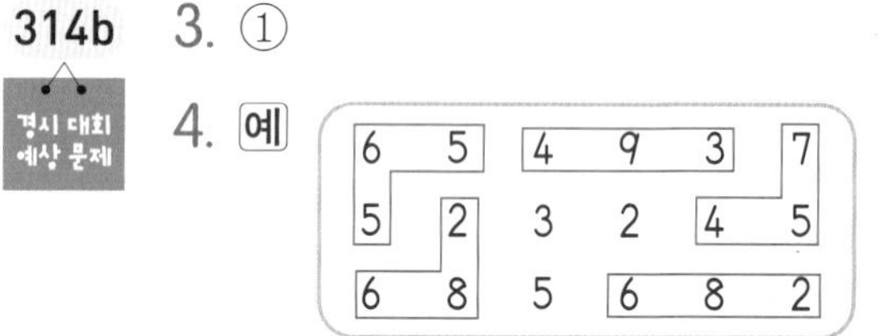

5. 9+8−1=16, 8+9−1=16
풀이 더하는 두 수의 합을 가장 큰 수가 되게 하고, 빼는 수를 가장 작게 합니다.

6. 예 2+3−4=1, 2+4−5=1
3+6−8=1, 3+7−9=1
4+5−8=1, 4+6−9=1
풀이 계산한 값이 0보다 크면서 가장 작은 수가 되려면 1이 되어야 합니다.

315a 경시 대회 예상 문제
7. (1) 6 (2) 6
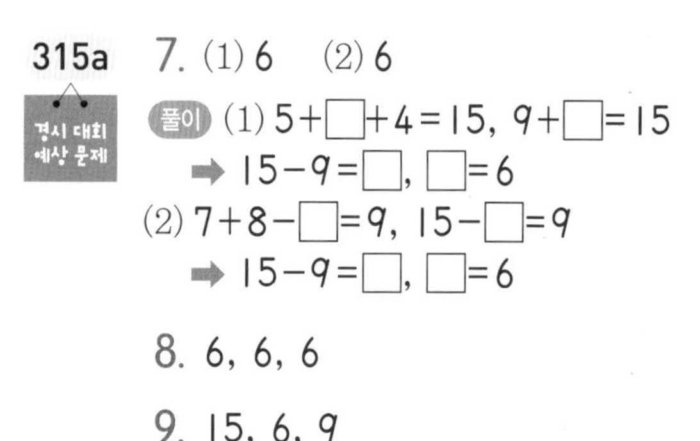
풀이 (1) 5+□+4=15, 9+□=15
➡ 15−9=□, □=6
(2) 7+8−□=9, 15−□=9
➡ 15−9=□, □=6

8. 6, 6, 6
9. 15, 6, 9
풀이 17−8=9, ☆=9
9+6=15, □=15
15−9=6, △=6

315b
10. [식] 14−8=6 [답] 6점

경시 대회 예상 문제
11. 유선, 1점

풀이 유선 : 12−7=5(점)
미림 : 13−9=4(점)
➡ 차 : 5−4=1(점)

12. [식] 15−6−9=0 [답] 0점

316a
1. 13, 5
2. 13, 5, 18
3. 18마리

316b
4. 8, 6
5. 8+6=14
6. 14명

317a
1. (1) 12+4=16 (2) 16마리
2. [식] 5+8=13 [답] 13명

317b
3. 14, 6
4. 14, 6, 8
5. 8마리

318a
1. 15, 9
2. 15−9=6
3. 6마리

318b
4. (1) 13−10=3 (2) 3개
5. [식] 12−3=9 [답] 9마리

319a
1. 6+5=11
2. 15−6=9
3. 4+8=12

319b
4. 13−7=6
5. 9+9=18
6. 12−8=4

320a
1. [식] 9+4=13 [답] 13마리
2. [식] 10+7=17 [답] 17자루
3. [식] 15−8=7 [답] 7명
4. [식] 18−5=13 [답] 13장

320b
5. [식] 5+14=19 [답] 19개
6. [식] 11−9=2 [답] 2명
7. [식] 7+4+5=16 [답] 16마리
8. [식] 12−4−5=3 [답] 3마리

321a
1. 예 □나 ○로 나타냅니다.
2. 5, 15
3. 10개

풀이 5+■=15
➡ 15−5=■, ■=10

321b
4. 예 □나 ○로 나타냅니다.
5. ○+4=11
6. 7명

풀이 ○+4=11
➡ 11−4=○, ○=7

322a
1. (1) 7+△=12 (2) 5개
2. [식] □+11=14 [답] 3개

322b
3. 예 □나 ○로 나타냅니다.
4. 10, 6
5. 4개

풀이 10−■=6
➡ 10−6=■, ■=4

323a
1. 예 □나 ○로 나타냅니다.
2. ○−3=8
3. 11개

풀이 ○−3=8
➡ 8+3=○, ○=11

323b
4. (1) 11−△=7 (2) 4개
5. [식] □−7=5 [답] 12개

324a
1. [식] □+6=12 [답] 6
2. [식] 11−□=3 [답] 8
3. [식] 8+□=16 [답] 8

324b
4. [식] 18−□=9 [답] 9
5. [식] □+9=17 [답] 8
6. [식] □−3=9 [답] 12

325a
1. [식] 6+□=13 [답] 7자루
2. [식] □+10=18 [답] 8마리
3. [식] 17−□=5 [답] 12개
4. [식] □−8=9 [답] 17권

325b
5. [식] 10+□=20 [답] 10마리
6. [식] 14−□=6 [답] 8개
7. [식] □+9=16 [답] 7명
8. [식] □−5=9 [답] 14개

326a
1. (1), (2)
예 ○○○○○△△△△△ / △△△
(3) 8 (4) 8
2. 예 ○○○○○○○○○○ / ○○○○○○○, 9권

326b
3. (1), (2)
예 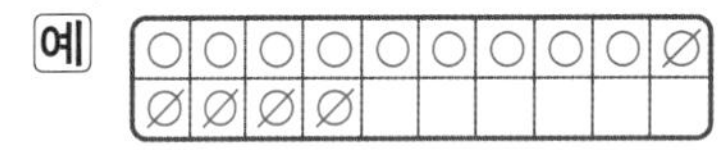
(3) 5 (4) 5
4. 예 ○○○○○○○○∅∅ / ∅∅∅, 5자루

327a
1. (1) 경희네 집, 가게 (2) 3
2. 6가지

풀이 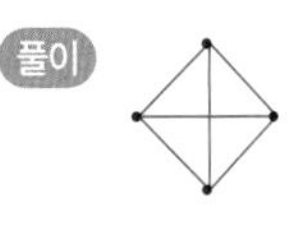 실제로 점 2개를 연결해서 그려 보면 모두 6가지입니다.

327b
3. 예 ○○○○○○○○○○ / ○○○○○, 15마리
4. 예 ○○○○○∅∅∅∅∅ / ∅, 5개

5. 6가지

풀이 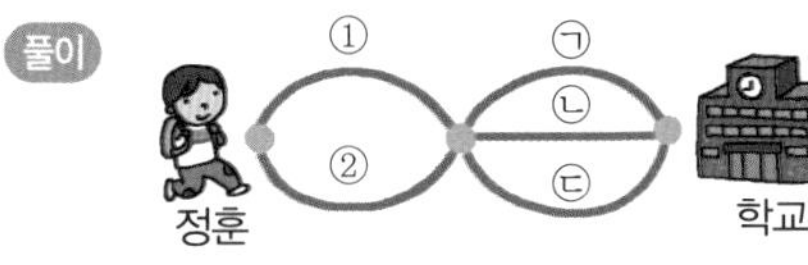

(①, ㉠), (①, ㉡), (①, ㉢)
(②, ㉠), (②, ㉡), (②, ㉢)

328a 창의력 학습

2	9	4
7	5	3
6	1	8

328b 

329a 경시 대회 예상 문제
1. [식] 6+5=11 [답] 11명
2. [식] 9+6=15 [답] 15명
3. [식] 9−5=4 [답] 4명

329b 경시 대회 예상 문제
4. [식] 8+□=13 [답] 5송이
5. [식] □−8=8 [답] 16개
6. 예 ○○○○○○○○○○○○○○○ / △△△△△△△, 8개

풀이 ○ 15개와 △ 7개를 그린 다음 하나씩 짝지어 보면 8개가 남으므로, 빗자루는 대걸레보다 8개 더 많습니다.

330a 

7. 4가지

풀이 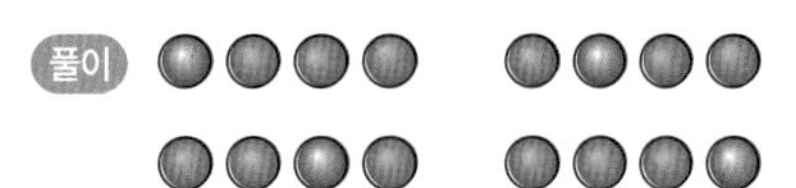

8. 6가지 풀이
(기호, 민지, 유진), (기호, 유진, 민지)
(민지, 기호, 유진), (민지, 유진, 기호)
(유진, 기호, 민지), (유진, 민지, 기호)

9. 4가지

풀이

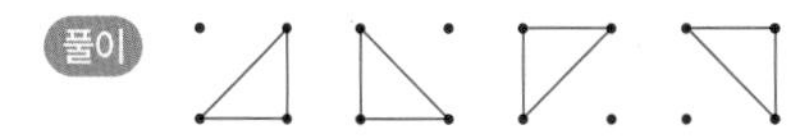

10. 5가지

풀이

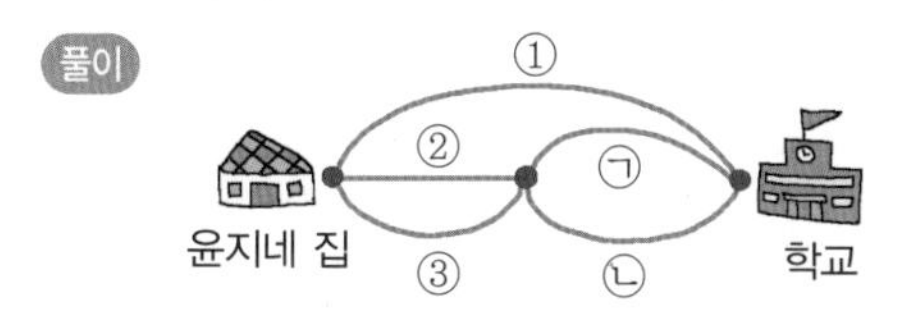

• 집에서 학교까지 바로 가는 길 : ① ➡ 1가지
• 집에서 학교까지 거쳐서 가는 길 : (②, ㉠), (②, ㉡), (③, ㉠), (③, ㉡) ➡ 4가지
• 집에서 학교까지 가는 길 ➡ 1+4=5(가지)

330b 11. 4, 6, 5, 7, 3

12. 7+6=13

풀이 가장 많은 토끼의 수와 둘째로 많은 사자의 수를 더합니다.

13. 7−3=4

풀이 가장 많은 토끼의 수에서 가장 적은 호랑이의 수를 뺍니다.

331a 1. 10, 12 2. 10, 19 3. 10, 13 4. 10, 16 5. 10, 17 6. 10, 15 7. 10, 11 8. 10, 18

331b 9. 15 10. 19 11. 14 12. 15 13. 11 14. 18 15. 12 16. 13 17. 17 18. 16

332a 1. 1, 10, 16 2. 4, 10, 11 3. 3, 10, 13 4. 2, 10, 12 5. 2, 10, 11 6. 1, 10, 15

332b 7. 5, 10, 7 8. 3, 7, 9 9. 1, 10, 6 10. 6, 4, 8 11. 3, 10, 7 12. 9, 1, 8

333a 1. 14 2. 2 3. 11 4. 9 5. 12 6. 6 7. 12 8. 3 9. 17 10. 9

333b 11. 16 12. 7 13. 15 14. 4 15. 14 16. 8 17. 13 18. 9 19. 13 20. 5

334a 1. 11, 16, 16 2. 5, 2, 2 3. 13, 19, 19 4. 9, 7, 7 5. 12, 15, 15 6. 4, 0, 0

334b 7. 13 8. 1 9. 16 10. 3 11. 17 12. 5 13. 14 14. 6 15. 17 16. 4

335a 1. 15 2. 16 3. 11 4. 14 5. 15 6. 3 7. 8 8. 6 9. 19 10. 4

335b 11. 15 12. 19 13. 18 14. 7 15. 2 16. 17 17. 6 18. 14 19. 18 20. 7

※해답은 따로 보관하고 있다가 채점할 때 사용해 주세요.

336a
1. (1) 16 (2) 13
2. 9, 14
3. (1) < (2) =
4. ㉡, ㉠, ㉣, ㉢

336b
5. [식] 8+2+4=14 [답] 14개
6. [식] 3+8=11 [답] 11대
7. [식] 13-9=4 [답] 4개
8. [식] 16-9-5=2 [답] 2개

337a
1. 12-5=7
2. 9+7=16
3. 13-4=9

337b
4. 10+20=30
5. 13-3=10
6. 2+9=11
7. 16-7=9

338a
1. [식] 2+3=5 [답] 5명
2. [식] 4-2=2 [답] 2명
3. [식] 6-1=5 [답] 5명

338b
4. [식] 12+5=17 [답] 17마리
5. [식] 13-9=4 [답] 4개
6. [식] 7+7+2=16 [답] 16마리
7. [식] 14-5-3=6 [답] 6명

339a
1. [식] 11-□=5 [답] 6
2. [식] 6+□=15 [답] 9
3. [식] 12-□=9 [답] 3

339b
4. [식] 7+□=14 [답] 7마리
5. [식] 16-□=12 [답] 4자루
6. [식] □+2=11 [답] 9개
7. [식] □-6=6 [답] 12개

340a
1. (1) 예

○	○	○	○	○	○	○	○	△	△
△	△	△							

(2) 13마리

2. (1) 예

○	○	○	○	○	○	○	○	∅	∅
∅	∅	∅	∅						

(2) 8개

340b
3. 예 ○ ○ ○ ○ ○ ○ ○ ○ ○ ○ / ○ ○ ∅ ∅ ∅ ∅ ∅ ∅ , 6명
4. 예 ○ ○ ○ ○ ○ ○ ○ ○ ○ ○ / ○ , 3명
5. 예 ○ ○ ○ ○ ○ ○ ○ ○ ○ ∅ / ∅ ∅ ∅ ∅ ∅ , 6장

341a
1. (1) ●●● ●●●
또는 ●●● ●●●
(2) 3

2. (1)
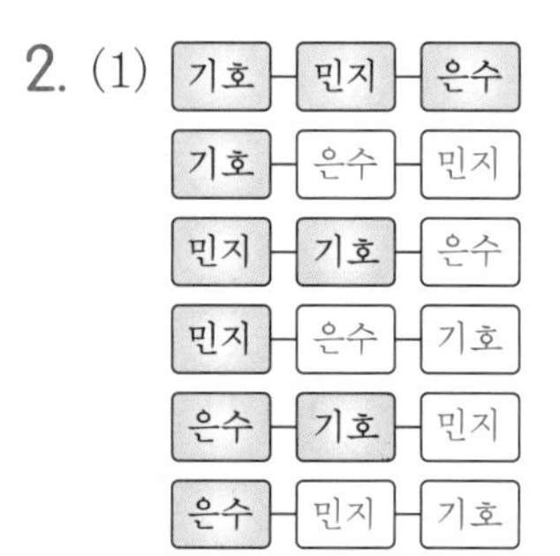

(2) 6

341b
3. 4가지

풀이

4. 6가지

풀이 (10원, 50원, 100원)
(10원, 100원, 50원)
(50원, 10원, 100원)
(50원, 100원, 10원)
(100원, 10원, 50원)
(100원, 50원, 10원)

5. 6가지  

6. 9가지

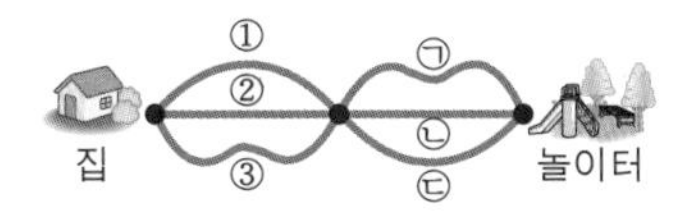

(①, ㉠), (①, ㉡), (①, ㉢)
(②, ㉠), (②, ㉡), (②, ㉢)
(③, ㉠), (③, ㉡), (③, ㉢)

342a

1. [식] 8+9=17 [답] 17명
2. [식] 16−3=13 [답] 13명
3. [식] 7+□=13 [답] 6개
4. [식] □−8=6 [답] 14개

342b

5. 예 ○○○○○○○○○○ ○△△△△△△△△, 19개
6. 예 ○○○○○∅∅∅∅∅ ∅∅, 5장
7. 10가지  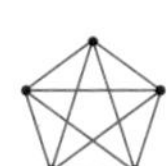

343a 창의력 학습

(1) 예 +, −, +, −, +, −
(2) 예 +, −, +, −, +, −
(3) −, +, +, −

343b

생략

344a 경시 대회 예상 문제

1. 7

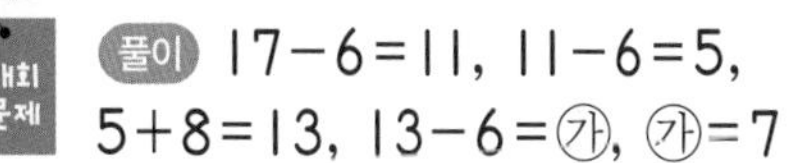

풀이 17−6=11, 11−6=5, 5+8=13, 13−6=㉮, ㉮=7

2. (1) +, + (2) −, −

3. 13

풀이 9+□=15, 15−9=□, □=6
따라서 7을 넣으면 7+6=13이 나옵니다.

344b

4. 5개

풀이 7+7=14, 14<1□에서 □ 안에 들어갈 수 있는 숫자는 4보다 큰 5, 6, 7, 8, 9입니다.

5. 3

풀이 (어떤 수)+5+3=19
(어떤 수)+8=19, (어떤 수)=11
바른 계산 : 11−5−3=3

6. 4

풀이 4+7+5=16
➡ 9+3+□=16, 12+□=16,
16−12=□, □=4

7. 5

풀이 15−7=8, ★=8
★+4+2=8+4+2=14, ■=14
■−6−3=14−6−3=5, ●=5

345a 경시 대회 예상 문제

8. [식] 4+□=13 [답] 9
9. [식] □−6=6 [답] 12
10. 예 ○○○○○○○○○△ △△△△△△□□□, 19개
11. 6가지

풀이

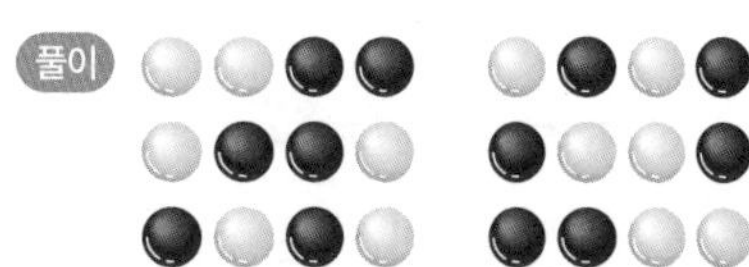

345b 12. 4가지 

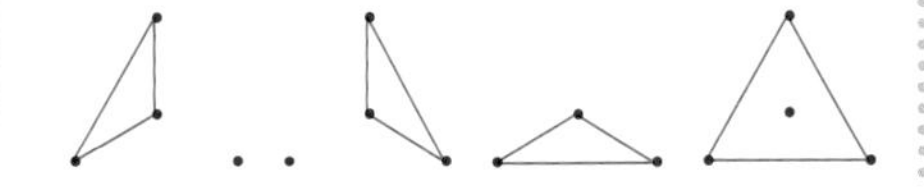

13. 7가지

풀이

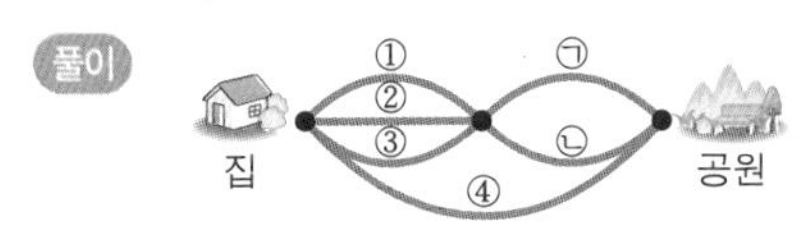

- 집에서 공원까지 거쳐서 가는 길 : (①, ㉠), (①, ㉡), (②, ㉠), (②, ㉡), (③, ㉠), (③, ㉡)
 ➡ 6가지
- 집에서 공원까지 바로 가는 길 : ④ ➡ 1가지
- 집에서 공원까지 가는 길
 ➡ 6+1=7(가지)

14. 4가지

풀이 13−6=7, 13−7=6
15−8=7, 15−7=8

15. 예 [1]+[7]+[9]=17
[8]+[5]+[4]=17

346a 1. (1) 6, 60 (2) 8, 80

2.

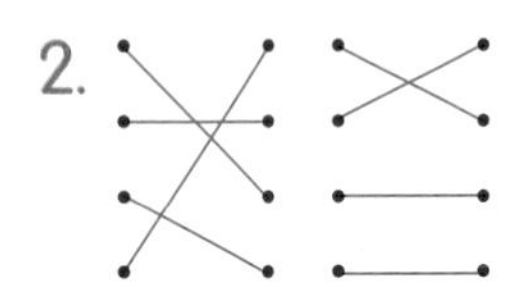

346b 3. (9, 3), 93

4. (1) 67 (2) 85 (3) 7, 2

5. (1) 육십사, 예순넷
(2) 칠십팔, 일흔여덟

347a 1. 58, 59, 61

2. (1) 79, 80 (2) 100, 59

3. <, 78은 82보다 작습니다.

4. 70, 71, 72, 73

347b 5. 75, 79, 83, 87, 91, 95, 99에 색칠합니다.

6. (1) 27, 39, 48
(2) 78, 80, 88, 89, 100

7. 64, 74, 79

348a 1. 예 (1) 네모 모양 (2) 세모 모양
(3) 동그라미 모양

2. (1) ㉡, ㉤ (2) ㉢, ㉥, ㉧
(3) ㉠, ㉣, ㉦

348b 3. 5, 3, 2 4. 8개

5. 생략

349a 1. ● 2. △

3. 4.

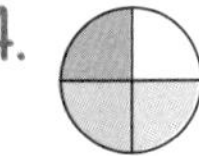

349b 5. 2 6. 4 7. 5

8. 0 9. 7 10. 9

350a 1. 10 2. 9 3. 10

4. 0 5. 10 6. 4

7. 3 8. 4 9. 2

10. 9 11. 9 12. 2

350b 13.

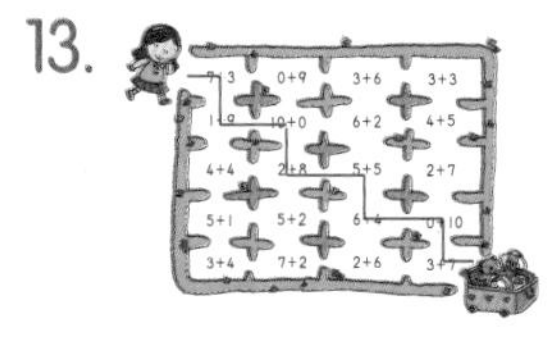

14. (4, 6) 또는 (6, 4) /
(4, 6) 또는 (6, 4)

351a 1. 5 2. 7 3. 75

4. 46 5. 58 6. 96

7. 34 8. 61 9. 80

10. 35

351b 11. 67 

89

12. 15 

22 84

352a 1. 83－51＝32, 83－32＝51
2. 13＋32＝45, 32＋13＝45
3. [식] 34＋15＝49 [답] 49개
4. [식] 35－15＝20 [답] 20명

352b 5. 6시
6. 6시 30분(6시 반)
7. 5시 30분(5시 반)
8. 1시 9. 12시
10. 11시 30분(11시 반)

353a 1.  2. 
3.  4. 
5.  6. 

353b 7. 3시 30분(3시 반)
8. 2시
9. 2, 4, 1, 3

354a 1. 2, 10, 13 2. 4, 10, 8
3. 1, 10, 15 4. 7, 3, 5
5. 11, 18, 18 6. 9, 6, 6

354b 7. 13 8. 17 9. 12
10. 16 11. 14 12. 6
13. 7 14. 4 15. 16
16. 3

355a 1. (1) 11, 13, 15 (2) 9, 6, 3
2. 9, 14
3. 

4. (1) ＝ (2) <

355b 5. [식] 4＋8＝12 [답] 12자루
6. [식] 13－5＝8 [답] 8개
7. [식] 9＋5＋4＝18 [답] 18송이
8. 언니, 1개

356a 1. (1) 7＋5＝12 (2) 16－9＝7
2. (1) □＋5＝11 (2) 14－□＝8

356b 3. (1) [식] 8＋6＋5＝19 [답] 19개
(2) [식] 8－5＝3 [답] 3개
4. [식] 6＋7＝13 [답] 13개
5. [식] 14－8＝6 [답] 6개

357a 1. [식] 8＋□＝13 [답] 5권
2. [식] □－9＝9 [답] 18권
3. [식] □＋4＝12 [답] 8
4. [식] 15－□＝8 [답] 7

357b 5. 예 ○○○○○○○○○○○○○ / △△△△△△△ ,
6마리
6. 4가지

7. 6가지

풀이

358a 창의력 학습

358b 창의력 학습 9마리

359a 경시 대회 예상 문제

1. 78, 89

풀이 7□, 8□인 수 중에서 10개씩 묶음의 수가 낱개의 수보다 1 작은 수는 각각 78, 89입니다.

2. 80

풀이 62 다음의 수는 63이고, 71은 63보다 8 큰 수이므로 아래쪽으로 갈수록 8씩 커지는 규칙입니다. 따라서 71 아래쪽 칸의 수는 79이므로 ★에 알맞은 수는 79 다음의 수인 80입니다.

3. 예 세모 모양 4개, 네모 모양 2개

359b 경시 대회 예상 문제

4. 

5. 

6. ① 79, ② 47, ③ 32, ④ 24

360a 경시 대회 예상 문제

7. (1) $\boxed{4}\,3 + 3\,\boxed{5} = 78$ (2) $7\,\boxed{8} - \boxed{6}\,4 = 14$

8. 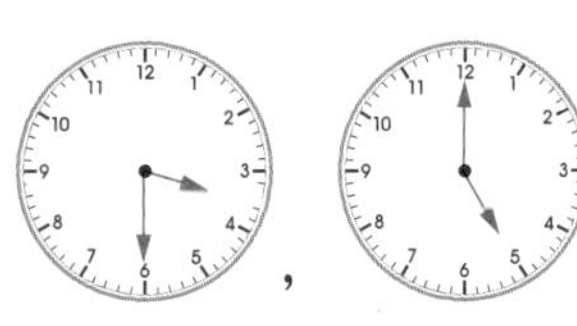

9. 

360b 경시 대회 예상 문제

10. 예 8+7−6=9, 8−6+7=9

11. 6가지

풀이

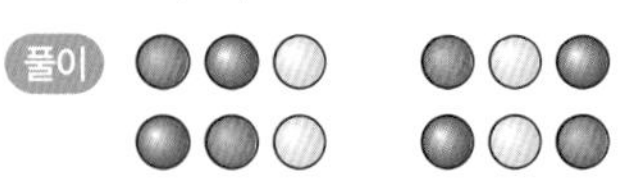

12. 6가지

풀이

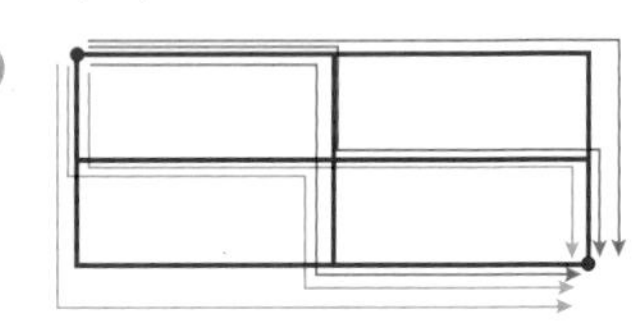

종료 테스트

1. 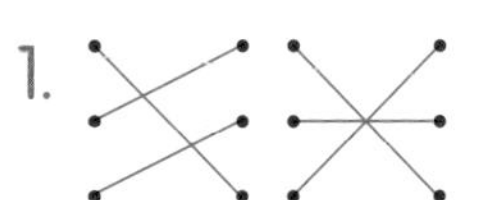

2. 58은 36보다 큽니다.

3. 5개

4. 4개

5. ②

6. 3, 3

7. (1) 4 (2) 10

8. 4개

9. ⑤

10. 31

11. ④

12. ⑤

13. 5

14. 6, 12

15. [식] 18−9=9 [답] 9쪽

16. [식] 7+6+5=18 [답] 18쪽

17. 16

18. [식] 6+8+4=18 [답] 18개

19. [식] 7+8+□=28 [답] 13개

20. 6가지